Redes de ordenadores para Opositores

Jose Pino Vázquez

ISBN: 978-1-84799-708-1

61

Redes y servicios de comunicaciones.

1 Introducción

El constante avance tecnológico en informática ha derivado en que ya no sólo sea necesario e procesamiento de la información, sino que se haya creado la necesidad de comunicar, compartir y divulgar esta información; en este sentido, la tendencia actual es la compartición de datos, programas y en definitiva recursos. Esta demanda está propiciando el desarrollo de una joven industria que está obteniendo una gran importancia en nuestros días, la industria de las comunicaciones de datos.

En un primer paso de este tema, se revisarán algunos conceptos del funcionamiento de los sistemas de comunicaciones, para pasar posteriormente a detallar el concepto de una red así como sus usos actualmente.

En los siguientes puntos se estudiarán los componentes de estas, tanto hardware, como software, así como unos modelos de arquitecturas de redes.

En los puntos finales se muestran ejemplos de redes y de servicios de comunicaciones, al acabar el tema se muestran algunos de los estándares que rigen el funcionamiento de las mismas.

Este tema forma una parte importante del módulo Redes de área local, impartido (entre otros) en el primer curso del Ciclo Superior de Administración de Sistemas Informáticos.

1.1 Telemática

La telemática es el uso de las telecomunicaciones en la comunicación de datos informáticos. Su parte software está compuesta de:

- Programas de servicio **público**
- Programas de aplicación **privados**
- **Servicios software**.

1.2 Sistemas de comunicación.

Transmite información desde un lugar (emisor a otro lugar receptor)

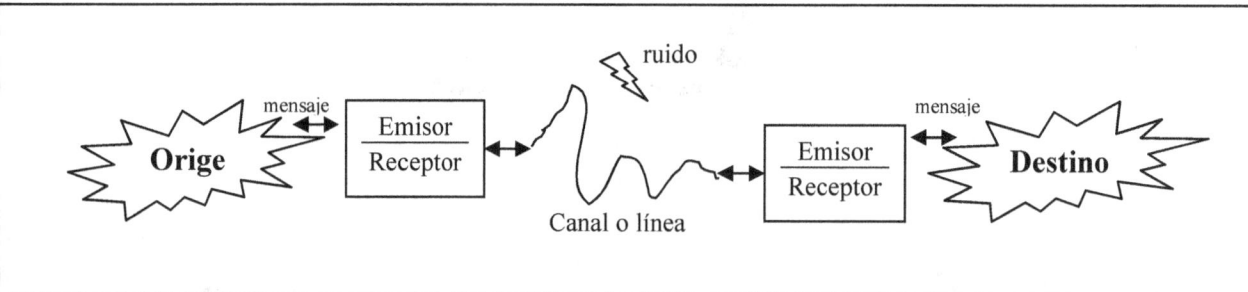

En este esquema se pueden distinguir dos equipos:

- **DTE.** (Equipo Terminal de datos) Son los elementos origen y destino.
- **DCE.** Equipo Terminal de circuito de datos. Adapta la señal o mensaje para transmitirlo/recibirlo.

2 Redes

2.1 Concepto

La expresión redes se utiliza cuando por medio de la telemática se realiza la comunicación entre dos o más ordenadores. La comunicación entre elementos ha de ser de igual a igual, quedando excluidas las relaciones asimétricas maestro-esclavo.

Un caso particular de red es el distribuido, en el que el cómputo de las instrucciones se reparte entre una serie de computadoras, siendo esto transparente al usuario.

2.2 Uso de las redes

2.2.1 Uso por las organizaciones.

Cualquier organización posee una red local (LAN), o incluso una WAN si dispone de varios centros dispersos.

En la actualidad se impone el modelo cliente-servidor que consiste en descargar parte del cómputo en el PC cliente como validación de formularios, dejando para el servidor los que no son convenientes hacer en el lado cliente.

Otra de las ventajas es la fácil replicación de datos de vital importancia para la empresa, con lo que ello conlleva para recuperarlos ante una catástrofe. O al poder los ordenadores cliente acudir a otra fuente de datos.

Como problema el control de acceso de empleados y la salida de datos confidenciales de la empresa.

2.2.2 Personal.

Tiene tres fines destacados:
- Acceso a **información**
- **Comunicación** (individual email o en grupos news)
- **Entretenimiento.**

2.2.3 Implicaciones sociales del uso de las redes.

Como cualquier herramienta, permite usos correctos e incorrectos de la misma. Como usos incorrectos se podrían citar:
Fraude, pornografía, información peligrosa, spam (publicidad no deseada), discrepancias legales, uso de información reservada.

3 Hardware de redes

3.1 Elementos hardware

3.1.1 Soporte de la transmisión

Los elementos soporte de la transmisión se suelen dividir en dos bloques:

3.1.1.1 Limitados

En este bloque encontramos el par de cables (pudiendo haber varios pares en un mismo cable, el cable coaxial que consta de un alambre de un metal conductor, rodeado de un material aislante, de un conductor siendo usualmente una malla trenzada, y siendo todo este conjunto envuelto por una capa de material protector. Por último podemos citar a la fibra óptica, que es un conductor de ondas en forma de filamento, siendo capaz de dirigir la luz a lo largo de su longitud.

3.1.1.2 No limitados

Los más usuales son:
- **Radio frecuencia**. Usan frecuencias dedicadas y se usan para interconectar redes distantes.
- **Infrarrojos.** Se usan para comunicación de datos a corta distancia, su comportamiento es similar al de la luz debido a su proximidad de onda. Cada día es más usada en redes locales.

3.1.2 Otros componentes hardware

Además de los soportes de transmisión, en una red local hay otros componentes, entre los que destacan:
- **Servidor.** Es el ordenador que ejecuta el sistema operativo de red, ofreciendo servicios y recursos compartidos.
- **Estaciones de trabajo.** Resto de ordenadores conectados a la red.

- **Hardware de interconexión** como repetidores, o incluso puentes y enrutadores.

3.2 Topología

La topología de una red es la configuración espacial en que se disponen sus líneas y nodos. Esta organización no suele ser casual y condiciona fuertemente el modo en que la información es transmitida e incluso las características generales de la red. Veamos las topologías más comunes:

- **Bus.** Presenta un único medio de transmisión, estando la lógica de acceso distribuida entre las estaciones cuyas conexiones son pasivas.
- **Anillo.** Es un bucle de conexiones punto a punto, cada estación se conecta dos veces con el medio. Las conexiones suelen ser activas y la lógica de acceso suele ser distribuida.
- **Estrella.** Hay una estación central que asume las tareas de conmutación. A esta estación se conectarán las restantes estaciones.
- **Árbol.** Mezcla entre estrella y bus
- **Mallada.** Se interconectan las estaciones, puede haber interconexión total.

3.3 Técnicas de conmutación

3.3.1 Conmutación de circuitos

Para cada proceso de comunicación se usa un circuito físico diferente, y, sobre este se monta un circuito lógico para que haya comunicación. (Ej conversación telefónica si los vecinos acceden a la misma central). Una vez establecido el circuito físico, el único retardo es la transmisión de la señal. Permite la transmisión tanto en analógico como en digital.

3.3.2 Conmutación de paquetes.

Constan de un conjunto de nodos encargados del almacenamiento temporal y reenvío de la información, la conexión entre ellos es mallada.

Para la transmisión, el usuario envía un paquete en formato digital con un formato definido. Los nodos leen la información y la envían al nodo siguiente hasta que llegue a su destino.

No hay tiempo de conmutación, pero si hay un retardo introducido cuando los nodos almacenan y envían la información (además del de propagación entre ellos).

Se introduce un factor de inteligencia en los nodos, aprovechando así mejor el ancho de banda disponible.

3.4 Clasificación.

3.4.1 En función de la tecnología

3.4.1.1 Redes de difusión (Broadcast)

El canal es compartido por todos los ordenadores, recibiendo los paquetes todos los ordenadores, y recogiendo solo aquellos que son para ellos (ejemplo ethernet). En caso de querer que lleguen a todos, se llamará broadcast, o multicast si se desea que llegue a un subconjunto.

3.4.1.2 Punto a punto

Son conexiones entre pares de ordenadores, sus enlaces pueden ser:
- **simplex** -único sentido-
- **semidúplex** -ambos sentidos en distinto tiempo-
- **dúplex** -ambos y a la vez-.

Si la velocidad es para los dos lados igual, se le llama síncrono, sinó asíncrono

Las redes grandes se componen de subredes intercomunicadas entre sí, siendo sus componentes las vías de transmisión (medio o canal) y los elementos de conmutación (nodos). Se consigue pasar la información por medio de saltos (hops) entre nodos.

3.4.2 En función de la extensión.

3.4.2.1 LAN

Es una red de reducida extensión y de difusión. Pertenecen al usuario final, la más común es **fast ethernet** (100 Mb), que presenta un retardo bajo en transmisiones y una baja tasa de errores debido a su baja extensión. Las topologías más comunes son bus lógico sobre árbol físico (Ethernet) y los anillos (token Ring y FDDI), aunque actualmente la más usada es en estrella con tecnología Ethernet. De todos modos es posible conseguir otro tipo de topología añadiendo concentradores, conmuntadores y encaminadotes.

Hace unos años hubo un auge en el diseño de redes sobre ATM, permitiendo el QoS, aunque últimamente frenado por la llegada de ethernet gigabit (1000 Mb) y 10 Gibabit, una tecnología más barata que ATM y con algunos protocolos como IGMP con QoS. La reciente llegada del protocolo MPLS limita más aún el campo de actuación de ATM.

3.4.2.2 MAN y WAN

En la MAN las características son similares a las locales, siendo su alcance mayor.

Las WAN se usan sobre espacios geográficos extensos. Lo habitual es usar para la transmisión de datos los servicios de una empresa portadora. Son redes públicas de titularidad privada, y, salvo las de vía satélite, son punto a punto.

3.4.2.3 Redes inalámbricas

Debido al carácter móvil de los ordenadores y otros dispositivos, los usuarios demandan medios de conexión también móviles. En entre éstos podemos destacar los siguientes:
- **GSM y HSCSD:** una posibilidad que ha sido habitual hasta comienzos del siglo XXI, es utilizar el sistema de telefonía inalámbrica digital GSM, que permite la transmisión de datos a 9600 bps de forma simultánea a la transmisión de voz. Una versión avanzada es HSCSD que permite acceder a servicios de datos sobre GSM a velocidades 2 y 4 veces superiores.

- **GPRS:** GPRS utiliza la tecnología de conmutación de paquetes a través de una red basada en IP utilizando canales GSM no ocupados para la transferencia de datos. A diferencia de uso de módems GSM, en los que la facturación suele ser por tiémpo de conexión, en GPRS el precio se suele cargar por volumen de datos transmitido. GPRS puede alcanzar una transferencia total real de bajada de 64 Kbps.

- **UMTS:** Teóricamente, UMTS soporta actualmente velocidades de transmisión de datos de hasta 2Mbit/s, utilizando de forma nativa el protocolo IP. A diferencia de GMS, que emplea una mezcla de multiplexión en frecuencia y tiempo. Sin embargo, frente a GPRS tiene la desventaja de que requiere de una nueva red, con nuevas instalaciones, fuertes inversiones, etc.

3.4.2.4 Interredes (internetworking)

Una red real casi nunca corresponde a ninguno de los tipos puros estudiados anteriormente. Siendo más habitual encontrar una interconexión de tecnologías diferentes para formar una red. A principios de los sesenta se crea en estados unidos Internet, una interred formada por distintos medios de comunicación, cuyos protocolos comunes se denominaron TCP/IP.

4 Arquitectura de redes basadas en niveles

4.1 Concepto.

Al principio, las redes se realizaban pensando en el hardware, con los años y el aumento de la tecnología, se renovaba ese hardware, lo que implicaba el rehacer el software ya que la red había sido diseñada exclusivamente para éste. A partir de esto, IBM diseña **SNA,** que no es más que una arquitectura de niveles, de forma que cada uno da servicio al nivel superior. De esta forma, al renovar el hardware solo hay que modificar una de las capas próximas a este. Con la idea de SNA surgen posteriormente OSI y TCP/IP.

Las ideas básicas del modelo son las siguientes:
- La capa n **ofrece unos servicios** a la capa n+1, estos servicios está definidos por medio de lo que se denomina interfaz.
- Una **entidad son los elementos activos** de cada capa, pudiendo haber varios activos de cada capa a la vez.
- **Las entidades** de la capa n de un sistema se **comunican** con la n de otro en base a un protocolo.
- Se puede **sustituir cualquier capa**, mientras respete la interfaz y el protocolo.

4.2 Decisiones en el diseño de arquitectura de redes

Debemos tener en cuenta las siguientes decisiones a la hora de diseñar una arquitectura.
- **Identificación y encaminamiento**. Los paquetes han de poder ser trasladados entre las distintas estaciones.
- **Modos de transferencia** de datos. Se han de definir prioridades y el tipo de enlaces (dúplex…)
- **Control de errores**. Tipo de control y capa en la que se realiza
- **Control orden** recepción paquetes.
- **Control de flujo** u congestión
- **Tamaño de los paquetes**. Habría que encontrar un punto que equilibre las ventajas e inconvenioentes del tamaño de los paquetes, por ejemplo para mensajes grandes se perderá poco tiempo en fragmentación y reagrupamiento pero mucho si se pierde una trama.

- **Multiplexación y desmultiplexación**. Una capa inferior atender a comunicaciones de varias capas superiores.

4.3 Interfaces y servicios

4.3.1 Concepto

Los SAP son puntos en los que la capa n oferta sus servicios a la capa n+1, teniendo estos una dirección que los identifica de forma única.

4.3.2 Servicios orientados y no orientados a conexión

En una arquitectura de redes cada capa utiliza los servicios de la capa inmediatamente inferior para comunicar con la del otro extremo. En base a esa comunicación, la arquitectura puede ser:

- **Orientado a conexión.** Se establece una conexión, se hace uso de ella y luego se libera (como el teléfono). No es necesario que los datos lleven destino, ya que se conoce.
- **No orientado a conexión** (Correos). Se envía cada paquete, con dirección de destino, confiando en que lleguen. No se establece conexión previa. Por lo que puede que no lleguen y si lo hacen lo pueden hacer por distintos caminos y en distinto orden. A los paquetes se les llama datagramas.

Es posible que haya pérdida de información, QoS estipula unos parámetros que determinan la calidad de servicio tanto para la red como para el usuario. (ejemplo ATM)

4.3.3 Primitivas de servicio

Un servicio es el conjunto de primitivas que una capa ofrece a la superior sin especificar como lo consigue.

Un protocolo son las normas que especifican la información que se intercambian entre las entidades pares.

Las primitivas de servicio se pueden clasificar en cuatro categorías:

- **Petición.** Se solicita una tarea [marcar teléfono]
- **Indicación.** Se informa de un evento [teléfono suena].
- **Respuesta.** La entidad responde a un evento [descuelga]
- **Confirmación.** Cuando a una entidad le llega la respuesta de una solicitud anterior [no hay tonos].

Si el servicio no es confirmado sólo se dan las dos primeras, si es confirmado todas.

5 Modelos de referencia

5.1 OSI

En 1977 ISO empieza a definir la arquitectura de redes OSI para proveer de estándares independientemente del fabricante. Sirviendo como modelo de referencia.
Tiene siete capas que enumeramos brevemente a continuación:

- **Capa Física.** Se ocupa de la transmisión de bits sobre un canal.
- **Capa de Enlace.** Suministra un transporte de bits fiable.
- **Capa de Red.** Encamina paquetes de un origen a un destino.

- **Capa de Transporte.** Divide los datos en paquetes.
- **Capa de Sesión.** Establece sesiones de comunicación.
- **Capa de Presentación.** Preserva el significado de los datos.
- **Capa de Aplicación.** Contienen los programas de usuario.

5.2 TCP/IP

Arpa y la red de universidades estadounidenses decidieron realizar una nueva pila de protocolos al ver que los que en aquel momento había no funcionaban bien con la red heterogénea de la que disponían (además después de ver la red SNA de Microsoft)

La pila tenía dos protocolos importantes TCP e IP, protocolos que actualmente le dan nombre a la pila de protocolos.

Primero se definieron los protocolos, luego los niveles y luego se definió la arquitectura. Se pueden distinguir cuatro capas:
- **Capa Host-red.** (mismas funciones capas fisica y enlace de OSI).
- **Capa de Red (Interred)** (igual que capa de red OSI).
- **Capa de Transporte** (igual capa transporte OSI).
- **Capa de aplicación** (Contiene las funcionalidades de las capas de sesión, presentación y aplicación de OSI).

5.3 OSI VS TCP/IP

OSI, de orientación más académica, no está condicionado por un protocolo particular, lo que implica que es capaz de definir cualquier arquitectura, haciendo una distinción muy clara entre servicios, interfaces y protocolo, cosa que se confunde en TCP/IP.

De todos modos, actualmente TCP/IP es el líder mundial en interconexión de redes, y eso se debe a:
- OSI apareció **tarde**
- OSI es una arquitectura **compleja y en momentos repetitiva**
- **TCP/IP era gratis**, por lo que los productos TCP/IP eran más baratos
- Se ligó TCP/IP a **Unix** dándole éste fama de estabilidad.

TCP/IP no distingue conceptos como servicio, interfaz y protocolo. No es ningún modelo, solo vale para redes TCP/IP.

Durante la época de los 80, en Europa usaban en su mayoría protocolos OSI por imposición de los gobiernos. Basados en el mal resultado que estaba dando OSI, optaron por adaptar TCP/IP.

Actualmente el uso del protocolo OSI prácticamente ha desaparecido.

6 Ejemplos de redes

6.1 Netware de Novell

Llegó a ser el sistema de red más usado en el mundo, posteriormente fue desbancado por las evoluciones de los Windows NT, 2000 y 2003. Se diseñó para vertebrar una red local de una organización utilizando Token Ring o Ethernet, actuando unos pc como cliente y otros pc como servidores de archivos.

Las últimas versiones de NetWare están adaptadas para utilizar TCP/IP. Anteriormente en la capa de red se utilizaba el protocolo IPX no orientado a conexión, y como protocolo de transporte se utilizaba NCP y SPX.

Las capas de sesión y presentación no existen.

Actualmente Novel se centra en los servicios de red, trasladándose a un sistema Linux, para lo cual a adquirido la compañía Suse.

6.2 Internet e Internet 2

En el punto 4.4.2 hemos visto como surgió Internet, cada año Internet crece sin parar, ofreciendo miles de millones de documentos en soporte informático, almacenados en servidores repartidos por todo el mundo. Un servidor no es más que una máquina conectada a la red a la que es posible acceder para obtener información.

A esa información se puede acceder mediante los navegadores (usando www), mediante servicios de transferencia de ficheros o bien mediante programas de gestión de correo electrónico.

Las empresas se han dado cuenta de que también se puede utilizar para la comunicación de los propios miembros de la empresa, por medio de información interior a ésta. Esto es lo que se le llama Intranet.

En 1996 nace Internet 2, que intenta rescatar el espíritu con el que nació Internet, un entorno específicamente orientado al ámbito académico e investigador que permitía garantizar al usuario una gran calidad de servicio.

6.3 Rediris y Geant

A la red existente en 1991 en España se le llamó RedIris, ofreciendo un servicio mediante TCP/IP (antes era X.25) de forma nativa (red ARTIX).

Posteriormente Rediris participa en el proyecto GEANT, que intenta crear una red IP Europea con un backbone de 10 Gbps.

7 Ejemplos de servicios de comunicaciones

7.1 Líneas dedicadas

Hasta la generalización de Internet, para conectar dos puntos distantes, era necesario un enlace físico punto a punto entre dos ordenadores o routers.

Actualmente sólo se utiliza para líneas de alta capacidad. El precio de esta línea no depende de la cantidad de tráfico que se transmita por ella, siendo su costo muy elevado.

7.2 Conmutación de circuitos

Es el método habitual en las redes telefónicas (RTC) antes de la aparición de las DSL, esta red se compone de tres redes:

- **Red de telefonía básica**, va desde la central del barrio al domicilio del usuario. Es analógica, por lo que se necesitan módems.
- **RDSI.** Conjunto de enlaces digitales de extremo a extremo.
- **Red GSM.** Son conexiones digitales que utilizan radioenlace. Necesitan un módem.

7.3 Conmutación de paquetes

7.3.1 X.25

Fue el estándar, basado en el modelo OSI, en redes públicas de paquetes en Europa, aún haber casi desaparecido se usa en ámbitos como el del sector bancario a través de la red Uno de Telefónica.

7.3.2 Frame Relay

Frame Relay significa retransmisión de tramas, confía en la utilización de medios digitales de alta velocidad y con una baja tasa de error, es por ello por lo que no hace control de flujo, ni corrección de errores.

En Frame Relay la capa de enlace y la de red se intentaron reducir a su mínima expresión, dejando en manos de los equipos finales toda la labor de acuses de recibo, retransmisión y control de flujo.

7.3.3 ADSL

7.3.3.1 Versión inicial

ADSL permite altas velocidades de tráfico de información a través del par de cobre trenzado telefónico, manteniendo intacto el canal de voz tradicional, aprovechando el ancho de banda no utilizado por el canal de voz.
Tiene un canal de alta capacidad descendente, y un canal de una capacidad media de subida.

7.3.3.2 ADSL 2+

Permite mayores velocidades de transmisión descendentes en bucles cortos. El incremento de capacidad de transmisión se basa en la extensión del ancho de banda utilizable del par trenzado. Este nuevo ancho de banda permite nuevas aplicaciones como por ejemplo la televisión sobre ADSL.

7.3.4 VDSL

VDSL es una tecnología xDSL que proporciona una transmisión de datos hasta un límite teórico de 52 Mbit/s de bajada y 12 Mbit/s de subida sobre una simple línea de par trenzado. Actualmente, el estándar VDSL utiliza hasta cuatro bandas de frecuencia diferentes, dos para la subida y dos para la bajada. VDSL es capaz de soportar aplicaciones que requieren un alto ancho de banda como televisión de alta definición.

7.3.5 RDSI-BA (RDSI de banda ancha)/ ATM

A mediados de la década de los 80 se empieza a trabajar en una segunda generación de la RDSI conocida como RDSI, de Banda Ancha proponiendo la recomendación de utilizar la tecnología ATM.

Una célula ATM, como compuesto por una cabecera de 5 bytes y un campo de información de 48, de lo que resultan 53 bytes. De esta manera, al utilizar paquetes de longitud reducida y fija, se simplifica en gran medida el diseño de los conmutadores, se reduce el retardo de proceso y se disminuye su variabilidad, lo que resulta esencial para aquellos servicios sensibles a la cuestión temporal, como son los de voz o vídeo.

ATM combina la multiplexión y la conmutación de paquetes en un método universal de transferencia de datos. Soporta redes locales, voz y video. Las celdas (paquetes de ATM) son procesadas rápidamente debido a su pequeño tamaño, provocando poco retardo en la comunicación de paquetes. El resultado de esta configuración es la posibilidad de dispones de voz y video que son sensibles al tiempo.

Las principales características de ATM son:
- Calidad de servicio (QoS).
- Velocidad escalable en función de la capacidad del nivel físico.

En cualquier caso ATM, aunque es ampliamente utilizado por las empresas de telecomunicaciones en sus enlaces de gran capacidad y distancia, y va a tener mucho que decir en el desarrollo de las redes metropolitanas inalámbricas, sigue perdiendo la carrera por el mercado de las redes locales. Hace ya tiempo ATM parecía que iba a ser la clara vencedora tanto en LANs como en interconexión de redes, pero Gigabit-Ethernet, y más tarde 10Gigabit Ethernet aparecieron en escena y le plantaron cara en entornos LAN y MAN incorporando conceptos como calidad de servicio, control de flujo, dúplex, etc. Luego llegó MPLS.

7.3.6 MPLS

MPLS es un protocolo que emplea una filosofía de integración entre conmutación de circuitos y paquetes pero que está diseñado atendiendo mejor al actual estado de la técnica que ATM por lo que presenta ventajas evidentes sobre éste.

MPLS es un mecanismo de transporte de datos capaz de emular el funcionamiento de las redes de conmutación de circuitos, como ATM, sobre redes de conmutación de paquetes. Es un protocolo ubicado entre los niveles OSI 2 y 3 que permite enviar muchas clases de tráfico, parte del hecho de que con velocidades de 10 Gb/s, incluso tramas de 1.500 bytes, como las de Ethernet, sufren un retraso de transmisión insignificante, por lo que se hace innecesario el uso de las pequeñas celdas ATM, con lo que se evita el esfuerzo y tiempo necesarios para el proceso de fragmentación y reensamblado.

8 Estándares.

Generalmente se suelen distinguir dos tipos de estándares:
- **De iure:** Son fruto de un acuerdo formal entre las partes implicadas.
- **De facto:** Son un producto o modus operandi que se extiende llegando a ser considerado como normal en una comunidad determinada.

8.1 ITU-T

La ITU está formada por gobiernos de paises de la ONU. Se divide en tres sectores, entre ellos está ITU-T, encargado de telecomunicaciones.

Su labor es la de hacer recomendaciones sobre aspectos de telecomunicaciones, actualmente funciona bajo procesos mucho más ágiles. El tiempo entre la propuesta inicial de un documento borrador por una compañía miembro y la aprobación final de una Recomendación plenamente efectiva puede ahora ser tan corto como algunos meses (o menos en algunos casos). Esto hace que el proceso de aprobación de la normalización del ITU-T responda mucho mejor a las necesidades del rápido desarrollo de la tecnología que en el pasado.

8.2 ISO

Sus miembros son organizaciones nacionales de estándares de los países miembros, así por ejemplo entre ellos está la ANSI (de EEUU) y AENOR (España).
La ISO emite estándares sobre todo tipo de asuntos, y su funcionamiento es el siguiente: Uno de sus miembros propone la creación de un estándar internacional, la ISO genera un grupo de trabajo para ese estándar.

8.3 ISOC Internet Society

La Internet Society es una organización que se dedica a dar soporte para que Internet vaya evolucionando técnicamente. Lo que hacer realmente es que estimula el interés y forma comunidades científicas y docentes, a las empresas y a la opinión pública de que para que Internet crezca, debe apoyarse en las nuevas tecnologías, haciendo uso de sus aplicaciones y promoviendo el desarrollo de nuevas aplicaciones para el sistema funcione mejor.

Indice

TEMA

62

Arquitecturas de sistemas de comunicaciones. Arquitecturas basadas en niveles. Estándares.

1 Introducción

El constante avance tecnológico en informática ha derivado en que ya no sólo sea necesario e procesamiento de la información, sino que se haya creado la necesidad de comunicar, compartir y divulgar esta información; en este sentido, la tendencia actual es la compartición de datos, programas y en definitiva recursos. Esta demanda está propiciando el desarrollo de una joven industria que está obteniendo una gran importancia en nuestros días, la industria de las comunicaciones de datos.

En un primer paso de este tema, se revisarán algunos conceptos del funcionamiento de los sistemas de comunicaciones, para pasar posteriormente a detallar el concepto de una red así como sus usos actualmente.

En los siguientes puntos se estudiarán los componentes de estas, tanto hardware, como software, así como unos modelos de arquitecturas de redes.

En los puntos finales se muestran ejemplos de redes y de servicios de comunicaciones, al acabar el tema se muestran algunos de los estándares que rigen el funcionamiento de las mismas.

Este tema forma una parte importante del módulo Redes de área local, impartido (entre otros) en el primer curso del Ciclo Superior de Administración de Sistemas Informáticos.

2 Telemática. Sistemas de Comunicaciones

2.1 Telemática

La telemática es el uso de las telecomunicaciones en la comunicación de datos informáticos. Su parte software está compuesta de:

- Programas de servicio **público**
- Programas de aplicación **privados**
- **Servicios software**.

2.2 Sistemas de comunicación.

Transmite información desde un lugar (emisor a otro lugar receptor)

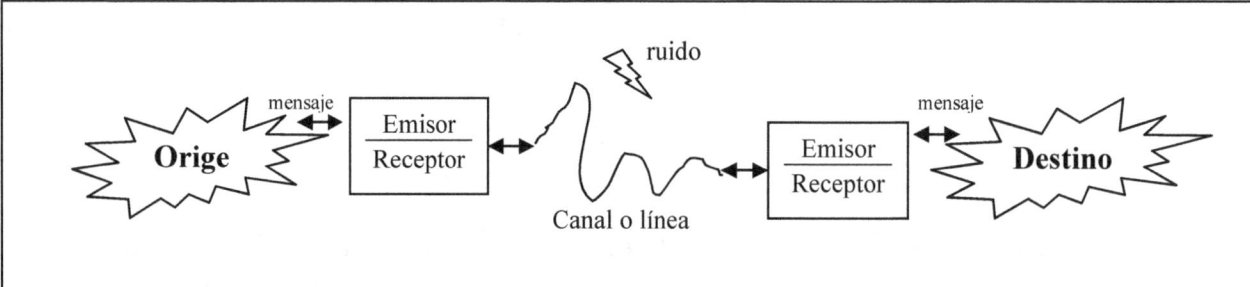

En este esquema se pueden distinguir dos equipos:

- **DTE.** (Equipo Terminal de datos) Son los elementos origen y destino.
- **DCE.** Equipo Terminal de circuito de datos. Adapta la señal o mensaje para transmitirlo/recibirlo.

2.3 Topología

La topología de una red es la configuración espacial en que se disponen sus líneas y nodos. Esta organización no suele ser casual y condiciona fuertemente el modo en que la información es transmitida e incluso las características generales de la red. Veamos las topologías más comunes:

- **Bus.** Presenta un único medio de transmisión, estando la lógica de acceso distribuida entre las estaciones cuyas conexiones son pasivas.
- **Anillo.** Es un bucle de conexiones punto a punto, cada estación se conecta dos veces con el medio. Las conexiones suelen ser activas y la lógica de acceso suele ser distribuida.
- **Estrella.** Hay una estación central que asume las tareas de conmutación. A esta estación se conectarán las restantes estaciones.
- **Árbol.** Mezcla entre estrella y bus
- **Mallada.** Se interconectan las estaciones, puede haber interconexión total.

2.4 Redes de ordenadores, clasificación

Las redes de ordenadores se pueden clasificar con respecto a dos características:

2.4.1 Clasificación en función de la Topología

2.4.1.1 Redes de difusión (Broadcast)

El canal es compartido por todos los ordenadores, recibiendo los paquetes todos los ordenadores, y recogiendo solo aquellos que son para ellos (ejemplo ethernet). En caso de querer que lleguen a todos, se llamará broadcast, o multicast si se desea que llegue a un subconjunto.

2.4.1.2 Punto a punto

Son conexiones entre pares de ordenadores, sus enlaces pueden ser:
- **simplex** -único sentido-
- **semidúplex** -ambos sentidos en distinto tiempo-
- **dúplex** -ambos y a la vez-.

Si la velocidad es para los dos lados igual, se le llama síncrono, sino asíncrono.

Las redes grandes se componen de subredes intercomunicadas entre sí, siendo sus componentes las vías de transmisión (medio o canal) y los elementos de conmutación (nodos). Se consigue pasar la información por medio de saltos (hops) entre nodos.

2.4.2 En función de la extensión.

2.4.2.1 LAN

Es una red de reducida extensión y de difusión. Pertenecen al usuario final, la más común es **fast ethernet** (100 Mb), que presenta un retardo bajo en transmisiones y una baja tasa de errores debido a su baja extensión. Las topologías más comunes son bus lógico sobre árbol físico (Ethernet) y los anillos (token Ring y FDDI), aunque actualmente la más usada es en estrella con tecnología Ethernet. De todos modos es posible conseguir otro tipo de topología añadiendo concentradores, conmuntadores y encaminadotes.

Hace unos años hubo un auge en el diseño de redes sobre ATM, permitiendo el QoS, aunque últimamente frenado por la llegada de ethernet gigabit (1000 Mb) y 10 Gibabit, una tecnología más barata que ATM y con algunos protocolos como IGMP con QoS. La reciente llegada del protocolo MPLS limita más aún el campo de actuación de ATM.

2.4.2.2 MAN y WAN

En la MAN las características son similares a las locales, siendo su alcance mayor.

Las WAN se usan sobre espacios geográficos extensos. Lo habitual es usar para la transmisión de datos los servicios de una empresa portadora. Son redes públicas de titularidad privada, y, salvo las de vía satélite, son punto a punto.

2.4.2.3 Redes inalámbricas

Debido al carácter móvil de los ordenadores y otros dispositivos, los usuarios demandan medios de conexión también móviles. En entre éstos podemos destacar los siguientes:

- **GSM y HSCSD:** una posibilidad que ha sido habitual hasta comienzos del siglo XXI, es utilizar el sistema de telefonía inalámbrica digital GSM, que permite la transmisión de datos a 9600 bps de forma simultánea a la transmisión de voz. Una versión avanzada es HSCSD que permite acceder a servicios de datos sobre GSM a velocidades 2 y 4 veces superiores.

- **GPRS:** GPRS utiliza la tecnología de conmutación de paquetes a través de una red basada en IP utilizando canales GSM no ocupados para la transferencia de datos. A diferencia de uso de módems GSM, en los que la facturación suele ser por tiémpo de conexión, en GPRS el precio se suele cargar por volumen de datos transmitido. GPRS puede alcanzar una transferencia total real de bajada de 64 Kbps.

- **UMTS:** Teóricamente, UMTS soporta actualmente velocidades de transmisión de datos de hasta 2Mbit/s, utilizando de forma nativa el protocolo IP. A diferencia de GMS, que emplea una mezcla de multiplexión en frecuencia y tiempo. Sin embargo, frente a GPRS tiene la desventaja de que requiere de una nueva red, con nuevas instalaciones, fuertes inversiones, etc.

2.4.2.4 Interredes (internetworking)

Una red real casi nunca corresponde a ninguno de los tipos puros estudiados anteriormente. Siendo más habitual encontrar una interconexión de tecnologías diferentes para formar una red. A principios de los sesenta se crea en estados unidos Internet, una interred formada por distintos medios de comunicación, cuyos protocolos comunes se denominaron TCP/IP.

3 Arquitectura de redes basadas en niveles

3.1 Concepto.

Al principio, las redes se realizaban pensando en el hardware, con los años y el aumento de la tecnología, se renovaba ese hardware, lo que implicaba el rehacer el software ya que la red había sido diseñada exclusivamente para éste. A partir de esto, IBM diseña **SNA,** que no es más que una arquitectura de niveles, de forma que cada uno da servicio al nivel superior. De esta forma, al renovar el hardware solo hay que modificar una de las capas próximas a este. Con la idea de SNA surgen posteriormente OSI y TCP/IP.

Las ideas básicas del modelo son las siguientes:

- La capa n **ofrece unos servicios** a la capa n+1, estos servicios está definidos por medio de lo que se denomina interfaz.
- Una **entidad son los elementos activos** de cada capa, pudiendo haber varios activos de cada capa a la vez.
- **Las entidades** de la capa n de un sistema se **comunican** con la n de otro en base a un protocolo.
- Se puede **sustituir cualquier capa**, mientras respete la interfaz y el protocolo.

3.2 Decisiones en el diseño de arquitectura de redes

Debemos tener en cuenta las siguientes decisiones a la hora de diseñar una arquitectura.

- **Identificación y encaminamiento.** Los paquetes han de poder ser trasladados entre las distintas estaciones.
- **Modos de transferencia** de datos. Se han de definir prioridades y el tipo de enlaces (dúplex…)
- **Control de errores**. Tipo de control y capa en la que se realiza
- **Control orden** recepción paquetes.
- **Control de flujo** u congestión
- **Tamaño de los paquetes**. Habría que encontrar un punto que equilibre las ventajas e inconvenioentes del tamaño de los paquetes, por ejemplo para mensajes grandes se perderá poco tiempo en fragmentación y reagrupamiento pero mucho si se pierde una trama.
- **Multiplexación y desmultiplexación**. Una capa inferior atender a comunicaciones de varias capas superiores.

3.3 Interfaces y servicios

3.3.1 Concepto

Los SAP son puntos en los que la capa n oferta sus servicios a la capa n+1, teniendo estos una dirección que los identifica de forma única.

3.3.2 Servicios orientados y no orientados a conexión

En una arquitectura de redes cada capa utiliza los servicios de la capa inmediatamente inferior para comunicar con la del otro extremo. En base a esa comunicación, la arquitectura puede ser:

- **Orientado a conexión.** Se establece una conexión, se hace uso de ella y luego se libera (como el teléfono). No es necesario que los datos lleven destino, ya que se conoce.
- **No orientado a conexión** (Correos). Se envía cada paquete, con dirección de destino, confiando en que lleguen. No se establece conexión previa. Por lo que puede que no lleguen y si lo hacen lo pueden hacer por distintos caminos y en distinto orden. A los paquetes se les llama datagramas.

Es posible que haya pérdida de información, QoS estipula unos parámetros que determinan la calidad de servicio tanto para la red como para el usuario. (ejemplo ATM)

3.3.3 Primitivas de servicio

Un servicio es el conjunto de primitivas que una capa ofrece a la superior sin especificar como lo consigue.

Un protocolo son las normas que especifican la información que se intercambian entre las entidades pares.

Las primitivas de servicio se pueden clasificar en cuatro categorías:

- **Petición.** Se solicita una tarea [marcar teléfono]
- **Indicación.** Se informa de un evento [teléfono suena].
- **Respuesta.** La entidad responde a un evento [descuelga]

- **Confirmación.** Cuando a una entidad le llega la respuesta de una solicitud anterior [no hay tonos].

Si el servicio no es confirmado sólo se dan las dos primeras, si es confirmado todas.

3.4 Modelos de referencia

3.4.1 OSI

En 1977 ISO fue definiendo a arquitectura de redes OSI para proveer de estándares independientemente del fabricante. Sirviendo como modelo de referencia.
Tiene siete capas que detallamos brevemente a continuación:

3.4.1.1 Capa Física

Es la capa más cercana a la máquina, se ocupa de la transmisión de bits en el canal de comunicación, le ofrece a la capa de enlace un acceso al sistema sin dependencia de los detalles técnicos.

3.4.1.2 Capa de Enlace

Suministra a la capa de red un transporte de bits fiable, encargándose de los siguientes apartados:
- **Sincronización** a nivel de trama
- **Control de flujo**
- Control de errores (**datos de origen igual a datos de destino**).
- Conseguir que el flujo de control y de datos **compartan el mismo medio**.

Los elementos de las redes locales de difusión comparten un medio único sin multiplexar, por lo que necesita una serie de funciones especiales para hacer posible su comunicación. Para ello la capa de enlace se divide en dos partes:
- **MAC.** Resuelve el problema del acceso al medio
- **LLC.** Se encarga de la parte de enlace de redes punto a punto.

Como protocolos tenemos el HDLC, IEEE 802.3..4..5 (ethernet, token bus, token ring) del nivel MAC y la LLC IEEE 802.2.

La transmisión sobre líneas serie, mediante los usuarios con modem y sus proveedores de servicio, ha tenido mucho auge, para ello surgieron dos protocolos SLIP y PPP.

3.4.1.3 Capa de Red

Se encarga de encaminar los paquetes de origen al destino, proporcionando los siguientes servicios a la capa superior:
- **Encaminamiento:** Cómo encaminar los paquetes del origen al destino.
- **Control de congestión:** Dado que puede haber enlaces y nodos saturados de datos, el nivel de red ha de ser capaz de "desviar el tráfico" por una ruta alternativa.
- Si se ha comprometido con **niveles QoS** debe proporcionar los recursos necesarios para ofrecerlos.
- **Interconexión de redes distintas**.

Como protocolos podemos citar IP, IPV6 y la de red de ATM, el protocolo de encaminamiento el OSPF.

En una red de difusión la capa de red es prácticamente inexistente, debido a que no hay que encaminar los datos (ya que están conectados todos con todos)

3.4.1.4 Capa de Transporte

La función principal de la capa de transporte es la de aceptar los datos de las capas superiores, dividirlos en unidades más pequeñas pasarlos al nivel de red y garantizar que lleguen al destino de forma segura y económica.

Su función es la de mejorar la QoS suministrada por la capa de red, garantizando la fiabilidad y calidad del servicio de comunicaciones, recuperando el sistema frente a fallos.

Algunos de los parámetros a los que atiende serían:
- **Retardo y posibilidad de fallo** al establecer la conexión
- **Caudal de datos** transmitidos
- **Retardo en transmisión** de datos.
- **Resistencia ante fallos.**

El usuario puede establecer los parámetros QoS, de este modo, el nivel de transporte y tras negociar la comunicación con el otro extremo, puede decidir transmitir la información o dar un error al usuario.

Podríamos destacar los protocolos TCP y UDP, siendo el último no orientado a conexión.

3.4.1.5 Capa de Sesión

Esta capa y las siguiente se encargan de dar servicios al usuario, normalmente aparecen todas fusionadas en una sola (por ejemplo en TCP/IP).

Las funciones de sesión son bastante reducidas, limitándose a establecer sesiones de comunicación, controlar el orden de los interlocutores y de realizar tareas de rollback en la comunicación.

3.4.1.6 Capa de Presentación

Su labor consiste básicamente en preservar el significado de la información que transporta, codificando los datos antes de su transmisión para adaptarlos al modo de codificación del sistema de transmisión, y en el destino descodificarlos según el sistema de representación del host.

Puede presentar dos tareas complementarias como compresión y cifrado, aunque el cifrado puede darse también en la capa de aplicación.

3.4.1.7 Capa de Aplicación

Contiene los programas de usuario, utilizando servicios que ofrece la capa de presentación.

La principal función implementada es la de transferencia, acceso y administración de archivos. Otra tarea que puede encontrarse es por ejemplo la aplicación de correo electrónico. Este punto lo veremos ampliamente en la arquitectura TCP/IP.

3.4.2 TCP/IP

Arpa y la red de universidades estadounidenses decidieron realizar una nueva pila de protocolos al ver que los que en aquel momento había no funcionaban bien con la red heterogénea de la que disponían.

La pila tenía dos protocolos importantes TCP e IP, protocolos que actualmente le dan nombre a la pila de protocolos.

Primero se definieron los protocolos, y luego se definieron los niveles y luego se definió la arquitectura. Se pueden distinguir cuatro capas que describimos brevemente en los siguientes puntos:

3.4.2.1 Capa Host-red

Por debajo del nivel de Red, existe lo que Tanenbaum denomina "un gran vacío", habiendo una capa que se encarga de las capas física y enlace de OSI.

En cambio hay una clara ventaja, al surgir una nueva tecnología, simplemente hay que cambiar la especificación de esta capa.

3.4.2.2 Capa de Red (Interred)

Sus funciones encajan con la de Red de OSI.

Debido a los momentos en los que se diseñó el protocolo de red, éste sólo proporciona un servicio de conmutación de paquetes no orientado a conexión, siendo posible de los paquetes, si llegan, lleguen desordenados.

El principal protocolo utilizado es el IP, y dadas sus carencias se está implantando su sucesor: IPV6.

3.4.2.3 Capa de Transporte

Encaja perfectamente en la definición del nivel de transporte del protocolo OSI, siendo su papel la de permitir una conexión extremo a extremo.

Presenta dos protocolos importantes:
- **TCP.** Es un servicio fiable orientado a conexión, llegando los datos ordenados y sin errores.
- **UDP.** No orientado a conexión y no fiable, se usa para transmitir datos en los que interesa más la velocidad que la precisión (voz y vídeo).

3.4.2.4 Capa de aplicación

Parece una solución acertada el fundir las tres últimas capas de OSI en una sola, debido a las pocas funciones de las otras dos capas existentes.
Es pues por lo que la capa de aplicación ha de presentar las siguientes funcionalidades de apoyo:
- **Compresión**

- **Seguridad**
- **Gestión de red: SNMP**
- **Gestión y conversión de nombres: DNS**
- **Servicio de directorio LDAP**
- **DHCP**

Entre las aplicaciones más destacables están:
- **Transferencia y gestión remota**
- **Correo electrónico**
- **Usenet**
- **WWW**
- **Mensajería instantánea**
- **P2P**

3.4.3 OSI VS TCP/IP

OSI, de orientación más académica, no está condicionado por un protocolo particular, lo que implica que es capaz de definir cualquier arquitectura, haciendo una distinción muy clara entre servicios, interfaces y protocolo, cosa que se confunde en TCP/IP.

De todos modos, actualmente TCP/IP es el líder mundial en interconexión de redes, y eso se debe a:
- OSI apareció **tarde**
- OSI es una arquitectura **compleja y en momentos repetitiva**
- **TCP/IP era gratis**, por lo que los productos TCP/IP eran más baratos
- Se ligó TCP/IP a **Unix** dándole éste fama de estabilidad.

TCP/IP no distingue conceptos como servicio, interfaz y protocolo. No es ningún modelo, solo vale para redes TCP/IP.

Durante la época de los 80, en Europa usaban en su mayoría protocolos OSI por imposición de los gobiernos. Basados en el mal resultado que estaba dando OSI, optaron por adaptar TCP/IP.

Actualmente el uso del protocolo OSI prácticamente ha desaparecido.

4 Estándares.

Generalmente se suelen distinguir dos tipos de estándares:
- **De iure:** Son fruto de un acuerdo formal entre las partes implicadas.
- **De facto:** Son un producto o modus operandi que se extiende llegando a ser considerado como normal en una comunidad determinada.

4.1 ITU-T

La ITU está formada por gobiernos de paises de la ONU. Se divide en tres sectores, entre ellos está ITU-T, encargado de telecomunicaciones.

Su labor es la de hacer recomendaciones sobre aspectos de telecomunicaciones, actualmente funciona bajo procesos mucho más ágiles. El tiempo entre la propuesta inicial de un documento borrador por una compañía miembro y la aprobación final de una Recomendación plenamente efectiva puede ahora ser tan corto como algunos meses (o menos en algunos casos). Esto hace que el proceso de aprobación de la normalización del ITU-T responda mucho mejor a las necesidades del rápido desarrollo de la tecnología que en el pasado.

4.2 ISO

Sus miembros son organizaciones nacionales de estándares de los países miembros, así por ejemplo entre ellos está la ANSI (de EEUU) y AENOR (España).

La ISO emite estándares sobre todo tipo de asuntos, y su funcionamiento es el siguiente: Uno de sus miembros propone la creación de un estándar internacional, la ISO genera un grupo de trabajo para ese estándar.

4.3 ISOC Internet Society

La Internet Society es una organización que se dedica a dar soporte para que Internet vaya evolucionando técnicamente. Lo que hacer realmente es que estimula el interés y forma comunidades científicas y docentes, a las empresas y a la opinión pública de que para que Internet crezca, debe apoyarse en las nuevas tecnologías, haciendo uso de sus aplicaciones y promoviendo el desarrollo de nuevas aplicaciones para el sistema funcione mejor.

Indice

TEMA

63

Funciones y servicios del nivel físico.

1 Fundamentos teóricos de la transmisión de datos

1.1 Introducción

1.1.1 Elementos de un sistema informático

Un sistema teleinformático, esta compuestode una parte físic hardware y otra lógica software.

La primera capa dentro de cualquier modelo de red está formada por el medio físico de transmisión y sus interfaces ópticas o eléctricas. Independientemente de cual sea el conjunto de protocolos a utilizar es imprescindible que haya compatibilidad entre los equipos.

El propósito de un sistema de comunicación es transportar una señal que contenga información, desde una fuente hacia un usuario o destino, a través de un canal de comunicación. El sistema de comunicación puede ser de tipo analógico o digital. En comunicación de datos el tratamiento de la información es digital, de manera que en este tema nos vamos a centrar en este tipo de sistemas.

1.1.2 Fuentes y señales

La información se genera en las fuentes de información, en forma de mensajes. Éstos pueden no ser de naturaleza electromagnética, por lo tanto un transductor los debe convertir en señales de este tipo. Las señales resultantes pueden ser de naturaleza analógica o digital.

Las analógicas varían de forma continua en el tiempo y las digitales toman valores discretos.

Una señal analógica puede ser convertida a digital combinando tres operaciones básicas:
- Con la **operación de muestreo** se toman muestras de la señal analógica a intervalos regulares de tiempo.
- Con el proceso de **cuantización** lo que se hace es aproximar la muestra tomada hacia un valor entero (es decir, se redondea).
- En el proceso de **codificación** se asigna cada valor anterior una palabra de código. En función de los niveles que pueda tomar el valor de la señal, se deberá emplear un tamaño determinado de palabra de código.

1.1.3 Incorporación de la información a la señal

Una vez que tenemos una fuente de información, un mensaje, sea este de tipo analógico, o de tipo digital, será preciso que el emisor lo incorpore a la señal que se va a transmitir, de forma que el receptor pueda recuperar dicho mensaje a partir de señal recibida

La transmisión analógica se basa en una señal continua de frecuencia constante a la que se denomina portadora. Los datos se pueden transmitir modulando con los datos de la fuente en la señal portadora. Todas las técnicas de modulación implican la modificación de uno o más de los tres parámetros fundamentales de la portadora: la amplitud, la frecuencia y la fase.

- **La amplitud** indica la diferencia entre el valor máximo y el mínimo que puede tomar un valor en la onda.
- **La frecuencia** indica el número de veces en que la onda recorre un ciclo completo por unidad de tiempo (Hz).
- **La fase** expresa el desplazamiento respecto del origen, de las coordenadas, medido en unidades angulares.

1.1.4 Las radiaciones electromagnéticas y el medio

En atención a que la señal esté o no confinada en un conductor podemos clasificar los medios utilizados en la transmisión de datos como limitados (cables principalmente) e ilimitados (aire, agua, espacio).

Actualmente, en teleinformática se utilizan fundamentalmente tres tecnologías de transmisión de datos. La primera se basa en la propagación de ondas eléctricas a través de un medio conductor. La segunda en la propagación de ondas de radio y otras de frecuencia superior por un conductor o por el espacio. La tercera en el envío de ondas funjinosaspor fibras conductoras de luz.

1.2 Concepto de modulación sobre portadora analógica.

Para transmisión de datos sobre portadora analógica se utiliza una onda llamada portadora a la que se le modifican la amplitud, la frecuencia, la fase o una combinación de ellas. A este proceso se le denomina modulación.

1.3 Características técnicas de un canal que afectan a su capacidad

Un canal telefónico normal, como cualquier otro sistema de transmisión, admite señales con una frecuencia restringida a un intervalo conocido como banda pasante que depende de las características físicas del canal.

Se puede dar un conjunto de fenómenos que van en contra de la correcta transmisión de un mensaje entre emisor y receptor, entre ellos se pueden citar:

- **Atenuación:** Disminución de la intensidad de la señal.
- **Distorsión de atenuación:** Cuando la atenuación no se produce por igual para todas las frecuencias del espectro de la señal.
- **Distorsión de retardo de grupo:** Producida por el desplazamiento a distinta velocidad de las diversas frecuencias que componen el espectro de una señal.
- **Eco:** Señal de iguales características que la original pero atenuada y retardada con respecto a la misma.
- **Ruido de fondo, blanco o sofométrico:** Es el ruido inherente a un canal y está producido por varios fenómenos físicos.
- **Ruido impulsivo:** Producido por perturbaciones electromagnéticas de corta duración pero elevado nivel.
- **Microcortes:** Cortes de pequeña duración de la alimentación del sistema de transmisión que pueden producir la pérdida de algunos bits.
- **Diafonía:** Señales inducidas en un canal de comunicación procedentes de canales adyacentes.

1.4 Primer teorema de Nyquist

Nyquist llegó a la conclusión de que por un canal sin ruido con ancho de banda W, se puede transmitir a un régimen máximo de 2* W baudios, o lo que es lo mismo, que el intervalo mínimo T más pequeño posible a partir del cual se producirá necesariamente interferencia entre símbolos es 1/2*W.

El teorema de Nyquist también se aplica para determinar la tasa mínima de muestreo que se debe usar para poder reconstruir una señal analógica.

1.5 Capacidad de un canal con ruido

Ampliando los estudios de Nyquist, Claude Shannon demuestra que la capacidad teórica máxima de un canal con ruido responde a la ecuación:

$$C = W * \log_2\left(1 + \frac{S}{R}\right) \text{ bits seg (bps)}$$

La capacidad de un canal se mide en bits/segundo y, como se observa, está limitada por la anchura de banda W y por la relación señal-ruido S/R.

1.6 Modos de explotación de un circuito de datos

Existen tres modos básicos de explotar un C.D. que dependen del sentido en que fluyen las informaciones.

- **Símplex:** no existe posibilidad de transmitir datos mas que en un único sentido.

- **Semidúplex:** se pueden transmitir datos alternativamente en uno u otro sentido pera no a la vez.
- **Dúplex total:** La comunicación puede ser bidireccional y simultánea.

1.7 Transmisión de datos en serie o en paralelo

Es de gran importancia la forma en que los bits se desplazan por el medio:
- **Serie:** los datos son transmitidos bit a bit utilizando un único canal o línea, los bits van colocados secuencialmente unos tras otros.
- **Paralelo:** se transmiten a la vez todos los bits de un carácter o palabra de máquina a través del medio. Para ello consta de tantos canales como bits se transmiten a la vez.

1.8 Concepto de sincronismo

Es preciso que fuente y colector de datos tengan una base de tiempos común a fin de saber en que instante han de comprobar la línea y detectar en qué estado se encuentra. A este hecho se le denomina sincronización y debe cumplirse, según el caso, en tres niveles distintos:
- **De bit:** Determina en que instante comienza cada bit y su cual es su duración.
- **De caracter:** Determina el bit de comienzo de un carácter y su tamaño en bits.
- **De bloque:** tamaño de un bloque.

1.9 Tipos de transmisión

1.9.1 Transmisión asíncrona

También conocida como start/stop. La palabra de comunicaciones se forma con n bits que van siempre precedidos de un bit de arranque y seguidos de al menos un bit de parada. Al conjunto se le denomina caracter entre dos consecutivos puede transcurrir cualquier lapso de tiempo.

1.9.2 Transmisión síncrona

Los datos van del emisor al receptor con una cadencia constante marcada por una base de tiempos común a todo el sistema de comunicación. Por la línea de datos no fluyen únicamente las informaciones sino que también lo hace la señal de reloj.

La transmisión síncrona requiere de equipos más complejos que la transmisión asincrona permitiendo velocidades de transmisión muy superiiores.

2 El soporte físico de la transmisión de información.

2.1 Medio de transmisión

El medio de transmisión es el nexo físico que une los ETCD del canal d datos a través del cual se produce el trasiego de información. Como, vimos anteiormente, se puede hablar de medios limitados e ilimitados.

2.1.1 Medios limitados

2.1.1.1 Cables de pares

Basados en un par de hilos de metal conductor, constituyen un método de conexión económico y con una buena relación calidad/precio.

Se dividen en categorías en relación a su frecuencia aceptada y al número de pares de cables que puede contener.

Además de las categorías se pueden distinguir por el tipo de apantallamiento, que consiste en proteger al sistema de cables mediante una malla de hilos de cobre o bien mediante un papel de aluminio, también podemos optar por no apantallar un cable, por ejemplo el de 4 pares trenzados sin apantallar se llama (UTP).

2.1.1.2 Cable coaxial

En su versión más simple, en un alambre de un metal conductor, usualmente cobre, rodeado de un material aislante, que a su vez lo está por un conductor cilíndrico que, usualmente, es una malla trenzada. El conjunto se envuelve por una capa de material dieléctrico protector.

2.1.1.3 Fibra óptica

En los últimos años ha aparecido la fibra óptica, que es un conductor de ondas en forma de filamento, generalmente de vidrio, aunque también puede ser de materiales plásticos. La fibra óptica es capaz de dirigir la luz a lo largo de su longitud usando la reflexión total interna. Normalmente la luz es emitida por un láser o LED.

Existen varios tipos de medio:
- **Multimodo:** Múltiples canales.
- **Monomodo:** Un único canal.

La Fibra óptica presenta una serie de ventajas razón ponla cual se usa intensivamente en comunicaciones:
- Gran **ancho de banda**.
- **Pérdidas por atenuación muy pequeñas**.
- **Inmunidad** electromagnética.
- Constitución **ligera**: menor volumen, más ligeras y baratas que conductores metálicos de similar capacidad.

2.1.2 Medios no limitados

2.1.2.1 Radio de onda corta

La longitud de onda de las ondas de radio va desde magnitudes millonarias hasta unos 0,3 m. Dentro de este conjunto se encuentran las frecuencias de transmisión de televisión, las de radio de AM y FM y las de onda corta.

Entre los sistemas que utilizan como vehículo de transmisión i-adiaciones electromagnéticas de distinto tipo que viajan a través del medio ilimitado constituido por el espacio libre, se encuentran los conocidos genéricamente como radioenlaces que se clasifican en atención a la frecuencia a la que trabajan. En ellos se cumple, que a mayor frecuencia de emisión, mayor es el ancho de banda disponible y menor la distancia que se puede recorrer sin amplificar.

En transmisión de datos se suelen utilizar distintos tipos de modulación sobre la señal de radio llegándose a alcanzar velocidades superiores a los 4800 bps.

2.1.2.2 Microondas terrestres

Las microondas son un tipo de radiación electromagnética situada entre las, frecuencias de radio extremadamente altas y la radiación de infrarrojos.

Como ventajas presenta que los canales resultantes .pueden llegar a ser de gran ancho de banda, siendo otra ventaja la mínima infraestructura requerida, y, como desventajas es que cada vez aparece una mayor saturación del espectro, la alta sensibilidad a los fenómenos meteorológicos y la necesidad de visibilidad directa entre las antenas.

2.1.2.3 Microondas por satélite geoestacionario

Un satélite comercial de comunicaciones es una gran estación repetidora amplificadora de mícroondas que realiza las funciones de recepción, amplificación, cambio de frecuencia y emisión hacia las estaciones terrestres de su área de cobertura.
Existen dos clases principales de satélite de comunicaciones: los ecuatoriales o geoestacionarios y los de período orbital diferente al terrestre.

Los satélites ecuatoriales ocupan una órbita denominada geoestacionaria y cuyo período orbital es de 24 horas, con lo cual circunvalan la Tierra a la misma velocidad que esta gira sobre sí misma. El resultado es que estos satélites parecen estar fijos en el cielo con lo cual las antenas no necesitan ser móviles y su enfoque es perfecto.

2.1.2.4 Redes/constelaciones de satélite de órbita baja e inermedia

A causa de la saturación de las órbitas ecuatoriales se están popularizando otras órbitas a mucha menor altura (LEO). Su principal desventaja es necesitar un número de satélites muy superior para dar cobertura a toda la Tierra pero, a cambio, presentan otras ventajas como menor tiempo de latencia.

Al estar en una órbita menor, su velocidad ha de ser mayor, lo que implica que en un punto concreto de la superficie terrestre, el tiempo en que el satélite permanece sobre él es de alrededor de 15 minutos. (Este es el tiempo en que un móvil es servido por un satélite, tras el cual otro satélite pasa a prestarle servicio).

Otra posibilidad es ubicar los satélites a una altura media en lo que se denomina órbitas de media altura. En este caso, el período orbital es mayor que el de los satélites LEO, con lo que se reduce un poco la complejidad del seguimiento y sustitución de satélites por parte de los terminales móviles.

2.1.2.5 Infrarrojos

La tecnología infrarrojo tiene una longitud de onda cercana a la de la luz y se comporta como ésta; debido a su alta frecuencia, presenta una fuerte resistencia a las interferencias electromagnéticas artificiales.

Entre las limitaciones principales que se encuentra en esta tecnología es que las restricciones en la potencia de transmisión limitan la cobertura de estás redes a unas cuantas decenas de metros y, la luz solar directa, las lámparas incandescentes y otras fuentes de luz brillante pueden interferir seriamente la señal.

2.1.2.6 Telefonía celular

La telefonía móvil consiste en ofrecer un acceso vía radiofrecuencia a un abonado de telefonía, de tal forma que pueda realizar y recibir llamadas dentro del radio de cobertura del sistema.

La primera generación de telefonía móvil surgió medante los sistemas analógicos.

La segunda generación está representada con el sistemá.GSM, que permite la transmisión de datos a 9600 bps de forma simultánea a la transmisión de voz. Una versión avanzada es HSCSD que permite acceder a servicios de datos sobre GSM a velocidades 2 y 4 veces superiores.

Otra variante de transmisión de datos inalámbrica es GPRS, que utiliza la tecnología de conmutación de paquetes a través de una red basada en IP y utiliza canales GSM no ocupados para la transferencia de datos.

Con la tercera generación aparece UMTS, soportando teóricamente velocidades de transmisión de datos de hasta 2Mbit/s, utilizando de forma nativa el protocolo IP. A diferencia de GMS, que emplea una mezcla de multiplexión en frecuencia y tiempo. Sin embargo, frente a GPRS tiene la desventaja de que requiere de una nueva red, con nuevas instalaciones, fuertes inversiones, etc., por lo que le queda mucho para llegar a alcanzar la enorme extensión que hoy abarca la red GSM/GPRS.

3 Transmisión en analógica de información digital

3.1 La red de telecomunicaciones

3.1.1 Definición

Las redes de telecomunicaciones están constituidas por todos los medios que permiten transmitir información a distancia. Se trata de un conglomerado de vías de trasmisión de titularidad pública y privada interconectadas parcialmente entre sí formando un conjunto de estructuras realmente complejas. En este tema nos interesan, fundamentalmente, aquellas redes que se usen en la transmisión de datos. No obstante, hoy en día, con el proceso generalizado de digitalización, de todo tipo de información cualquier red de telecomunicaciones es, en realidad, una red de transmisión de datos.

3.1.2 Evolución de la red telefónica conmutada (RTC)

Pesde hace más de un siglo el sistema telefónico se basa en el uso de centrales para conmutar las llamadas entre diversos abonados, y pares de hilos de cobre para unir a cada abonado con la central. Existen diversos niveles jerárquicos de centrales, este tipo de organización permite la comunicación entre cualquier par de abonados minimizando el número de interconexiones entre ellos, y entre las centrales.

Las conexiones de los abonados con sus centrales se hacen normalmente por un único par de hilos de cobre. Las conexiones de las centrales entre sí, al ser menos numerosas y su importancia más crítica, se suelen hacer redundantes, conectando por ejemplo una central a otras dos, de forma que si falla una conexión el tráfico pueda reencaminarse por la otra.

Hasta no hace mucho, las conversaciones se transmitían por el sistema telefónico de manera totalmente analógica. A menudo, era necesario atravesar múltiples centrales y, cuando las distancias entre éstas eran grandes, había que utilizar amplificadores para mantener la señal por encima del nivel de ruido sofométrico de fondo. En una conversación a larga distancia había que atravesar multitud de equipos, cada, uno dé los cuales distorsionaba un poco más la señal reduciendo la relación señal-ruido. Todos estos problemas llevaron a las compañias telefónicas a intentar realizar una transmisión digital de la señal, como eso era muy costoso, se optó por una solución intermedia en la que se dígitalizan los enlaces troncales, y se dejaba como único segmento analógico el bucle de abonado.

Así pues, aunque hemos empezado a hablar de la red telefónica dentro de un punto que titulamos **transmisión analógica**, hemos de concluir que actualmente, la RTC es, principalmente, un sistema digital. Pero como el sonido es un fenómeno analógico, es necesario modularizarlo. Como veremos en próximos puntos, la modularización se suele realizar mediante la utilización de un codec.

3.1.3 Transmisión de datos por la RTC

Consiste en usar la misma línea telefónica normal con bucle de abonado analógico como soporte de la transmisión de datos, utilizando módems avanzados con corrección de motes y compresión de datos se alcanzan basta los 56 Kbps en el sentido red-usuario y 33,6 Kbps en el sentido usuario-red.

3.2 Modulación con portadora analógica

La modulación con portadora analógica es el proceso por el cual el tren de datos entrante al ETCD genera una señal analógica, compatible con la línea de trasminsión, modificando para ello algunos de los parámetros de la onda portadoragenerada por el ETCD.

La portadora es una onda que responde a una ecuación que define una curva sinusoide, que, como ya estudiamos anteriormente, presenta tres parámetros característicos: amplitud, frecuencia y fase inicial, cuya variación da origen a a los tres tipos básicos de modulación:
- **Modulación de amplitud (ASK)** Valores diferentes del tren de datos binarios de entrada producen amplitudes distintas en la portadora.
- **Modulación de frecuencia (FSK)** Varía la frecuencia f de la portadora en función de la variación de los datos de entrada.
- **Modulación de fase (PSK)** Lo que cambia según lo hagan los datos binarios que provienen del ETD es la Fase de la portadora.

Un ejemplo de modulación avanzada es QAM, que permite combinando ASK y PSK, incorporar mucha información a la señal portadora por cada cambio de estado.

3.3 Funciones de los ETCD

A continuación detallamos algunas de las funciones de estos elementos:

- **Modulacion/desmodulacion de la onda portadora.** El ETCD emisor tiene como función transformar el mensaje que recibe del ETD en una señal que pueda ser enviada por la línea de transmisión utilizada. A dicho proceso se le denomina modulación. El receptor efectúa la operación contraria, proceso que es llamado desmodularización.
- **Codificación/descodificación** de canal de la información. Se codificará el canal teniendo en cuenta temas tales como la disminución de las interferencias.
- **Sincronización a nivel de bit** se da de forma permanente en la transmisión síncrona y consiste en incorporar la señal de sincronismo al tren de bits.

3.4 Interfases ETD-ETCD

Un proceso de transmisión de datos incluye diferentes funciones que se han de repartir necesariamente terminal y módem estos elementos pueden estar conectados por diversas conexiones, entre ellas destacamos dos:

3.4.1 El interfaz serie "clásico"

Es conector con 25 patillas, tiene dos filas de patillas, en la primera éstas se numeran de la 1 a la 13 y en la segunda de la 14 a la 25. Una variante es el DB9 que únicamente tiene 9 patillas. Estos conectores son conocidos como puerto serie "grande" y "pequeño".

3.4.2 El interfaz USB (UNIVERSAL SERIAL BUS)

En la actualidad, un gran número de conexiones entre ordenadores y módems se lleva a cabo a través de USB.

USB unifica y simplifica la tarea de conectar este tipo de dispositivos al ordenador personal, presenta las siguientes características:

- Un puerto USB permite conectar basta 127 dispositivos utilizando unos concentradores (parecidos a los hubs). La conexión que se puede realizar "en caliente" y cuyo resultado debe ser la inmediata puesta en funcionamiento del dispositivo sin necesidad de instalación previa.
- Cada cable USB puede tener basta 5 m.
- La versión USB 2.0 presenta una tasa de transferencia de hasta 480 Mb/s.

4 Transmisión digital

4.1 Introducción

La transmisión analógica dominó desde sus comienzos el campo de las telecomunicaciones. No obstante a partir de los años 80, el perfeccionamiento y posterior utilización masiva de los ordenadores, provocó con su aplicación a las comunicaciones la evolución hacia redes de transmisión digital de datos.

Entenderemos como transmisión digital no sólo a la que se realiza mediante pulsos, sino también al tipo de transmisión que utilizan moduladora digital con portadora analógica

La transmisión digital presenta ventajas respecto a la a la analógica:

- Regeneración perfecta de la señal digital.
- Posibilidad de uso mixto voz-imagen-datos.
- Mejora de costes en las comunicaciones de larga distancia.

4.2 Modulación por impulsos codificados

4.2.1 Códecs

Al proceso de convertir una señal digital a analógico se le denomina desmodulación digital. Este proceso se lleva a cabo mediante la utilización de un aparato conocido como codec (codificador-descodificador). Cuando codifica, este equipo lleva a cabo un muestreo de intervalo suficiente según el teorema de Nyquist para capturar información de un ancho de banda.

Dado que la mayoría de los terminales telefónicos son aún analógicos, los códec se suelen ubicar en las centrales de abonado.

4.2.2 SONET/SDH

Se han generalizado en diversas zonas del mundo diferentes sistemas de agrupación de trenes PCM incompatibles entre sí para su utilización en la transmisión de voz/datos, llevando a problemas de compatibilidad.

Actulmente estos problemas han sido solucionados mediante la aparición de SONET/SDH. Este estándar utiliza como velocidad fundamental el nivel denominado OC-3, los valores superiores han de ser múltiplos de esta veleciadad.

4.3 Sistemas de codificación de línea/canal

Los datos que han transmitirse dígitalmente están constituidos de unos y ceros. Existen varias técnicas para representar estos valores mediante impulsos, la más sencilla consiste en codificar, un 1 con un impulso y un 0 mediante la ausencia de impulso. Esta técnica presenta, inconvenientes como que una secuencia de ceros demasiado larga provocaría la pérdida de sincronización en la lectura.

El método de codificación que se emplee depende del tipo ee canal ee que se eisponga. Si se trata de un canal analógico se emplearán los métodos vistos en un apartado anterior, pero si se utiliza un canal digital entonces se utilizarán otros métodos. Veamos algunos:
- **Sin retorno a cero (NRZ):** el 1 se representa por un nivel de tensión, el cero por el estado contrario.
- **Sin retorno a cero inverso (NRZI):** el 1 lógico se representa por cambio de tensión, sobre el estado del bit anterior. El 0 se representa ausencia de cambio de tensión.
- **Codificación Manchester:** el 1 se representa por un cambio de la tensión (4e alto a bajo, por ejemplo), y el cero por el cambio contrario (bajo a alto). Estos cambios se realizan en el centro del bit.
- **Manchester diferencial:** al igual que en Manchester, en mitad de todos los bits hay transición. Además, al comienzo de cada bit habrá transición si el nuevo bit es un O, y no lo habrá si es 1.

Secuencia de bits	0	1	1	0	0	1	1
NRZ							
NRZI							
Manchester							
Manchester diferencial							

En redes posteriores a Ethernet se suelen emplear otros métodos de codificación de canal como 4B/5B, 8B/10B ó modulación de amplitud de pulsos PAM 5x5.

4.4 Ejemplos de transmisión digital sobre línea analógica: ADSL y cable modem

El par de cobre trenzado utilizado en el bucle de abonado de las redes de telefonía tiene un ancho, de banda aproximado de hasta 2 MHz según el estado de la línea. De todo este gran ancho de banda solo se utiliza una porción mínima de unos 4 KHz para el canal de voz. La tecnología ADSL aprovecha el ancho de banda no utilizado por el canal de voz.

Aunque se considera un sistema de transmisión digital en realidad la transmisión de los datos en ADSL se realiza de forma analógica.

Para distancias menores de 3 Km se están experimentando otros sistemas de transmisión que permiten obtener capacidades aun mayores. Entre ellos podemos mencionar, por ejemplo, HDSL y VDSL, que llegan a velocidades de hasta 55 Mbps.

Otro ejemplo de modulación digital sobre línea analógica es el cable-módem. Se trata de utilizar el mismo cable empleado en la distribución de señal de televisión de pago para la transferencia de datos informáticos. En el domicilio del abonado se separa la señal de vídeo, por un lado, y la de datos informáticos, por otro.

5 Multiplexión, concentración y conmutación

5.1 Equipos multiplexores

Al proceso de agrupar canales lógicos en uno físico se denomina multiplexación, y a su inverso desmultiplexión (4esmultiplexación). Su utilización permite una mejor utilización de los soportes de línea.

5.1.1 Multiplexión por división de frecuencia (FDM)

En la FDM cada canal lógico se le asigna una banda de frecuencias del ancho total del canal físico. Entre estas bandas se colocan otras de seguridad.

Las principales características del método son:
- N introduce retardo en la transmisión.
- Es muy rígido pues no pueden reasignarse fácilmente las bandas.
- Permite transmitir información en modo analógico.

Otro tipo de FDM es la WDM usada en la fibra óptica. Aquí, los equipos multiplexores son ópticos y no tienen alimentación eléctrica.

5.1.2 Multiplexión por división en el tiempo (TDM)

Consiste en asignar particiones de tiempo del canal principal a cada uno de los subcanales que han de tener acceso a la comunicación.

Este tipo de multiplexión es muy utilizado en transmisión de ditos. Especialmente usada es su variante ATPM (TDM estadística) consistente en asignar dinámicamente la cuota de tiempo del subcanal según su mayor o menor actividad.

5.2 Concentradores y procesadores frontales

El proceso de concentración es similar al de multiplexión. La diferencia está en que en la concentración la suma de las velocidades de los n subcanales puede ser superior a la velocidad máxima soportada por el canal principal, lo que implica que en caso de saturación haya que almacenar el exceso de información en buffers o bien se deberá ralentizar el ritmo de uno de los subcanales.

Los procesadores frontales es reducir la carga del ordenador central realizando gran parte del tratamiento de control de la red, y de este modo dejando que al host central le lleguen sólo los datos útiles.

5.3 Conmutación

Conmutar en comunicaciones es establecer el circuito físico y lógico necesario para poner en contacto emisor y receptor.

5.3.1 Conmutación de circuitos

Consiste en establecer para cada proceso de comunicación un circuito físico diferenciado de los otros circuitos físicos. Sobre ese circuito físico se monta el circuito lógico necesario para que exista cualquier tipo de comunica¬ción.

En la conmutación de circuitos se establece, pues, un camino físico de extremo a extremo antes de iniciar el enlace lógico. Este proceso consume un tiempo que se denomina tiempo de conmutación y que puede ser de varios segundos. Una vez establecido el circuito físico, el único retardo que se produce es el debido a la propagación de la señal.

Esta conmutación permite el envío de mensajes en formato analógico y/o digital.

5.3.2 Conmutación de paquetes

Las redes de paquetes constan de un conjunto de nodos que son equipos de comunicaciones encargados del almacenamiento temporal y reenvío de la información que reciben de otros nodos o de los usuarios conectados a la red- Los nodos se interconectan entre sí en configuración mallada siendo normal que exista más de un camino entre dos nodos.

Cuando el usuario desea transmitir envía un bloque denominado paquete. Este bloque que ha de tener codificación digital que presentar un formato definido y ha de recoger entre otras cosas quién es él destinatario de la infatmación.

Una vez llevado a cabo el proceso de entramado, cada paquete es enviado de un nodo a otro basta que llega al punto de destino (para ello los nodos han de estar dotados de una cierta inteligencia que les permita encaminar al paquete).

La conmutación de paquetes pura no tiene tiempo de conmutación, pero sí un retardo introducido por los almacenamientos y reenvíos necesarios para la completa transmisión de cada bloque, además del retardo de propagación entre nodo y nodo.

6 Red digital de servicios integrados (RDSI/ISDN). ATM

6.1 RDSI de banda estrecha

La RDSI consiste en extender hasta el mismo bucle de abonado la red digital. Con la aparición de una red de alta velocidad denominada RDSI de banda ancha (también conocida como ATM ya que es éste el método de transferencia utilizado) se sintió la necesidad de añadirle un adjetivo a la antigua RDSI, por lo que se la denomina también RDSI de banda estrecha (RDSI-BE). Dado que la transmisión de la señal se hace de forma digital en todo el trayecto, en la RDSI el teléfono actúa de codec digitalizando la señal acústica. En el caso de conectar un ordenador a la línea no es necesario utilizar módem y se podrá transmitir datos a una velocidad de 64 Kbps.

El estándar RDSI contempla dos tipos de acceso al servicio:
- **El acceso básico**. Está formado por dos canales digitales de 64-Kbps llamados canales B, más un canal de 16 Kbps de señalización D.
- **El acceso primario**. En Europa por 30 canales B y uno D de señalización.

Para poder llevar la señal digital por el bucle de abonado sin modificación, es preciso que la distancia a cubrir no sea superior a unos 5-6 Km; por este motivo la cobertura de RDSI en áreas rurales es deficiente.

6.2 RDSI de banda ancha. ATM

A mediados de la década de los 80 se empieza a trabajar en una segunda generación de la RDSI conocida como RDSI, de Banda Ancha proponiendo la recomendación de utilizar la tecnología ATM.

Una célula ATM, como compuesto por una cabecera de 5 bytes y un campo de información de 48, de lo que resultan 53 bytes. De esta manera, al utilizar paquetes de longitud reducida y fija, se simplifica en gran medida el diseño de los conmutadores, se reduce el retardo de proceso y se disminuye su variabilidad, lo que resulta esencial para aquellos servicios sensibles a la cuestión temporal, como son los de voz o vídeo.

Indice

TEMA

64

Nivel de Enlace

1 Introducción

La capa de enlace constituye la segunda capa del modelo OSI, por encima de la capa física. En el nivel inferior contamos con los elementos necesarios para transmitir y recibir bits a través de un canal de comunicaciones. En este nivel nos preocupamos de conseguir una comunicación fiable entre dos máquinas conectadas a la misma red. La red empleada puede ser punto a punto o de difusión, en este último caso y como veremos en las redes Ethernet, se divide en dos subcapas con las funciones claramente diferenciadas LLC y MAC.

El presente tema está dividido en dos grandes bloques, en un primero se describen los más profundamente posible tanto las funciones como los servicios de esta capa; por último en un segundo se revisarán los protocolos más importantes utilizados en este nivel, estudiando desde protocolos que actualmente ya no se usan, hasta los protocolos que actualmente están en plena expansión.

En un último lugar, y dentro de las redes Ethernet se verán los protocolos MAC, se ha realizado así para intentar que todos los protocolos de este nivel estén incluidos en un mismo punto.

2 Funciones y técnicas

2.1 Servicios suministrados a la capa de red.

Los tipos de servicios que la capa de enlace le suministra a la de red son:
*   **No orientado a conexión** y sin acuse de recibo (apropiado cuando la tasa de error es baja – redes locales o de fibra óptica -)

- No orientado a conexión **con acuse de recibo**.
- **Orientado a conexión** con acuse de recibo. Consta de tres fases, establecimiento, comunicación y desconexión.

2.2 Entramado

La capa de red realiza una comunicación mediante tramas, o bloques de bits. El nivel físico simplemente se encargaba de transmitir en forma de bits.

La división en tramas permite al nivel de enlace:
- **Corregir los errores** de la transmisión, mediante el añadido de información a cada trama.
- Comprobar si una **trama ha llegado completa** o no comprobando su inicio y su final.
- Al **numerar las tramas**, se sabe si falta alguna entre ellas.

2.3 Control de flujo, protocolos

2.3.1 Concepto

A la hora de enviar datos a un receptor, hay que controlar si éste es capaz de asimilar los datos a la velocidad a la que se le envían, para ello aparecen los protocolos de control de flujo.

2.3.2 Protocolo de parada y espera.

Es un protocolo muy sencillo, en el que el receptor envía un ACK al emisor una vez que ha recibido un paquete. Tras lo cual el emisor procederá al envío del siguiente mensaje. Si en un tiempo prudencial, no recibe confirmación, reenvía en paquete anterior.

Se suelen enviar tramas de pequeño tamaño, debido a que repetir el envío de tramas de gran tamaño sería muy costoso para la red.

2.3.3 Protocolos de ventana deslizante

Se intenta optimizar el algoritmo anterior evitando el tiempo de parada del emisor hasta recibir un ACK, pudiendo estar varias tramas en ruta sin que el emisor haya comprobado que las anteriores tramas han llegado. Para ello se dispone de un buffer denominado "ventana", en la que se van almacenando tramas numeradas por orden.

Una vez han llegado una serie de tramas consecutivas, manda el ACK de la última, suponiendo por lo tanto el emisor que las tramas anteriores han llegado. En caso de recibir un NACK ha de retransmitir la trama en cuestión.

Tanto el emisor como el receptor tienen una ventana deslizante:
- **En el emisor** se almacenarán las tramas enviadas y no confirmadas, así como las pendientes de envío.
- **En el receptor** se almacenarán las tramas recibidas a las que les falta una trama anterior para realizar una secuencia.

2.4 Control de errores

2.4.1 Errores en transmisión

2.4.1.1 El ruido y sus efectos

El ruido es una componente que se incorpora al mensaje, ampliando o diminuyendo la cantidad de información de éste. Puede ser extrínseco (generado fuera del circuito) o intrínseco, generado dentro de él.

2.4.1.2 Métodos de lucha pasiva

Contra los errores se puede realizar una serie de lucha pasiva, en la que por ejemplo se instalen aparatos o técnicas que lo prevengan, por ejemplo podríamos instalar un supresor de eco, o bien blindar los pares de cobre en caso de tener problemas de diafonía.

2.4.1.3 Codificación para la protección, estrategias

Ante la imposibilidad de eliminar errores, en este apartado veremos los intentos para detectarlos. Para ello se realizará una codificación, introduciendo un nivel de redundancia superior. La estructura de los códigos varía según el tipo de error que se desea corregir.

Un concepto importante es la **distancia de Hamming**, que es el número de caracteres en los que difiere una palabra de otra. La eficacia del código dependerá en gran medida de esa distancia.

2.4.2 Detección

2.4.2.1 Copia de circuito o eco

Es el método más sencillo y menos eficaz, ya que el receptor envía una copia de lo que recibió al emisor, dando además la posibilidad de que se produzca el error a la vuelta del mensaje.

2.4.2.2 Comprobación de paridad

2.4.2.2.1 Paridad lineal de un bit

Supone la adición de un bit extra, cuyo valor dependerá de los otros.
- **Paridad par.** El número de 1os incluido el de paridad ha de ser par
- **Paridad impar.** El número de 1 ^{os} incluido el de paridad ha de ser impar.

Como inconveniente podemos decir que es incapaz de detectar un número impar de errores, así como de que no es capaz de determinar la posición de un bit erróneo.

2.4.2.2.2 Paridad bidimensional

Consiste en tabular la información, de forma que se le añade una columna a la derecha y una fila en la parte inferior.

Los datos de la columna a mayores controlarán la paridad de cada fila, y los de la fila inferior controlarán los de todas las columnas.

Este tipo de código permite el corregir alguna información errónea, aunque algunas combinaciones erróneas sigue sin detectarlas. No es habitual su uso, ya que al contrario de la anterior, este método consume mucho ancho de banda.

		DATOS	P.Longit (e)
		1100101	0
		0110110	0
		1011010	0
		1001111	1
		0111001	0
		1100111	1
		1010000	0
P.Vertic.(e)		1001000	0

2.4.3 Códigos cíclicos.

Los códigos cíclicos se usan en sistemas síncronos, allí donde la información se envía en bloques, y por tanto los códigos de paridad pierden su eficacia.

Los códigos de redundancia cíclica se basan en la operación módulo y en el resto de una división de polinomios.

Una vez emisor y receptor se ponen de acuerdo en el polinomio a utilizar (ya hay una serie de ellos estandarizados, y de los que se aconseja su uso), el emisor calcula al división entre el dato a enviar multiplicado 10 elevado al grado del polinomio y dividido entre el polinomio que utilizan.

Posteriormente se le resta al dato a enviar el resto de la división (es decir, se calcula el número que realizaría la división entera). Y se envía el resultado.

El receptor tras recibir la trama, comprueba que el resultado de la división sea cero. Si lo es, la recepción fue correcta, sinó pues hay que volver a enviar.

Veamos un ejemplo:

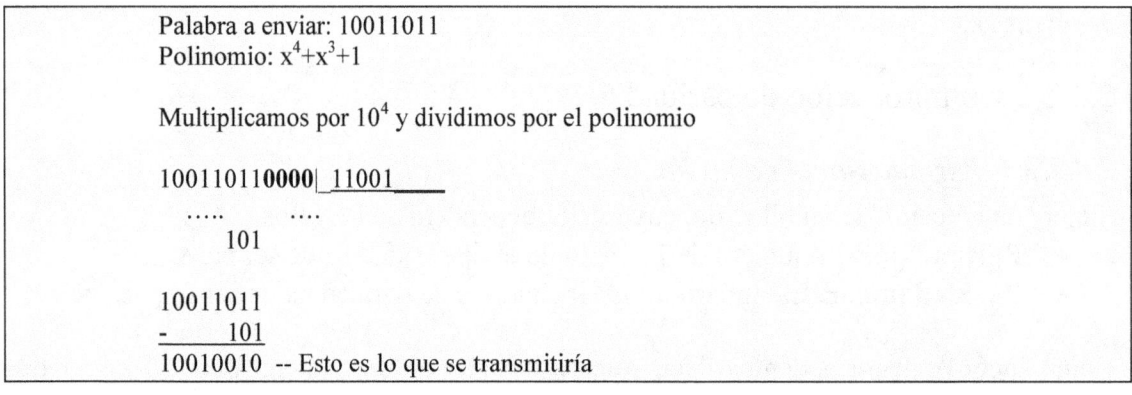

```
Palabra a enviar: 10011011
Polinomio: x⁴+x³+1

Multiplicamos por 10⁴ y dividimos por el polinomio

100110110000| 11001
    .....      ....
       101

10011011
-    101
10010010  -- Esto es lo que se transmitiría
```

2.4.4 Corrección

En este tipo de protocolos no solo intentaremos detectar los errores, sinó también el corregirlos.

2.4.4.1 Corrección por reenvío.

2.4.4.1.1 Retransmisión con paro y espera

Es idéntico al protocolo de parada y espera visto en el punto **2.3.2**, pero esta vez además de la comprobación de que el paquete ha llegado, se comprueba que ha llegado correcto.

2.4.4.1.2 Retransmisión con envío continuo en protocolos con ventana deslizante.

Con la retransmisión de paro y espera, el 90% del tiempo las estaciones están paradas.

Se usará igual que antes dos ventanas, una en emisor y receptor, y mediante un circuito dúplex.

La actuación del emisor y receptor pueden clasificarse en dos variantes:
- **Con repetición no selectiva**. El receptor deja de enviar asentimientos tras la trama incorrecta, y envía un acuse de recibo negativo NACK. Al llegar el acuse, el emisor reemite todas las tramas de su ventana (que son las de sin confirmación de llegada). El emisor también puede realizar esta acción si se cumplió un tiempo y no sabe nada de los paquetes enviados.
- **Con repetición selectiva**. El emisor repite el envío únicamente de la trama de la que recibe el NACK, además si no recibe respuesta, reenvía la trama cuyo tiempo es excesivo (lo que implica tener un temporizador para cada trama).

2.4.4.2 Corrección automática. Códigos de Hamming

Los códigos de Hammig son unos códigos de control de paridad que se intercalan en las palabras con el fin de encontrar los bits erróneos.

El tamaño de los códigos de Hamming dependerá del tamaño de la palabra. Si m son los bits de la palabra, se ha de cumplir que se necesitarán h bits de paridad de forma que:

$$2^h = m+h+1$$

Su funcionamiento es el siguiente.
- En las posiciones que son **potencia de 2** se intercalarán los bits de paridad.
- El bit de datos b_n será calculado por los bits de paridad b_i, b_j, b_k..de forma que $n = i+j...+k$.
- El emisor envía la palabra y el receptor tras recibir los datos, los puede comprobar mediante las ecuaciones de paridad.
- Las ecuaciones para un código de 4 bits de datos han de presentar una paridad par para las siguientes posibilidades:
  - **A:** b1,b3,b5,b7
  - **B:** b2,b3,b6,b7
  - **C:** b4,b5,b6,b7

Veamos un ejemplo sobre una palabra de 4 bits:

Palabra a enviar: 1001
Bits de paridad: 3
Posición de los bits de paridad: XX1X001
Tras aplicar las funciones obtendríamos la siguiente palabra a transmitir
0011001

Si al receptor le llegara:
0011000

No se cumpliría la ecuación A ni la b ni la C, por lo tanto **el bit que falla es el 7.**

Se corregiría de la forma:
0011001

Se quitarían los bits de paridad
1001

---

3 Ejemplos de protocolos de nivel de enlace

3.1 Orientados a carácter basados en código

Se usan en entornos síncronos en los que la trama consta de un número entero de caracteres pertenecientes al alfabeto de un código determinado.

Por ejemplo en ASCII tenemos una serie de códigos de control:
- **STX/ETX** Comienzo y fin de texto
- **SYN** Se usa para sincronización de comienzo de bloque
- **ACK – NACK** Acuse de recibo positivo – negativo

3.2 No basados en código. HDLC

Dado que los protocolos anteriores son poco flexibles (obligan a conocer el código que usan), los no basados en código trabajan a nivel de bit, ofreciendo una trama monoformato flexible para dar servicio a todos los tipos de comunicación. Un protocolo importante de este grupo es HDLC.

El protocolo HDLC y sus derivados utilizan la técnica de rellenado de bits para conseguir manejar tramas. Usa una variante de CRC para la codificación, además de acuses de recibo y números de secuencias en las tramas. Todas estas características lo hacen muy robusto, evitando que en los niveles superiores se realice control de errores.

3.3 El nivel de enlace en Internet

Un caso particular del nivel de enlace en Internet es esl que se dio en la época de los 90, en la que se necesitaba conectar un pc de usuario con sus proveedores de Internet. Para ello era necesario transmitir paquetes IP sobre líneas en serie.

3.3.1 SLIP

Surge con ánimo de solucionar el problema anterior, usando un carácter como indicador. Las últimas versiones de SLIP ofrecen compresión sobre las cabeceras TCP e IP, lo que permite mejorar el ancho de banda.

SLIP no genera CRC, por lo que deja la detección de errores para niveles superiores. Fue desbancado pronto por el protocolo PPP.

3.3.2 PPP

3.3.2.1 PPP sobre líneas serie

PPP es un mecanismo de transporte de tramas multiprotocolo que puede utilizarse sobre medios físicos muy diversos. A pesar de ser un código orientado a carácter (pero no a ningún código en concreto), utiliza HDLC para encapsular a otros protocolos.

PPP incluye dos protocolos especiales:
- **LCP:** Se ocupa de negociar una serie de parámetros en el momento de establecer una conexión, ofreciendo también mecanismos para validad al ordenador que llama ("usuario/password").
- **NCP:** Se encarga de negociar los parámetros específicos para cada protocolo utilizado, por ejemplo para IP, se encarga de asignarle dinámicamente una dirección IP.
- En cuento a la **autenticación PPP utiliza CHAP**, que es un mecanismo que funciona mediante los siguientes pasos:
  - Una vez establecida conexión, el servidor envía un desafío al cliente.
  - El cliente resuelve el desafío y manda respuesta
  - El servidor comprueba respuesta, en caso de ser incorrecta, rechaza la conexión
  - A intervalos arbitrarios el servidor envía un nuevo desafío al cliente y se vuelve al paso 2.

3.3.2.2 PPPoE

Hemos visto en el punto anterior que PPP estaba originalmente pensado para líneas serie usando módems sobre la red telefónica conmutada.
PPPoE soluciona las limitaciones del párrafo anterior para poder encapsular tramas PPP sobre tramas Ethernet, pudiendo de esta forma abrir sesiones PPP en un entorno compartido.
PPPoE está diseñado para ser utilizado con tecnologías de acceso de banda ancha a redes remotas (DSL y modem de cable)

3.3.2.3 PPPoA

Es muy similar a PPPoE, pero esta vez utilizando como medio de transporte la capa AAL5 de ATM en lugar de la Ethernet. De esta forma se permite encapsular capas PPP sobre tramas ATM.

3.3.3 Protocolos de túnel para PPP

3.3.3.1 PPTP

Es una tecnología propietaria de Microsoft, permite crear un vínculo virtual que puede atravesar redes públicas y privadas.

Incluye autenticación mediante una versión de CHAP, además del cifrado de tramas.

3.3.3.2 L2TP

Es un descendiente de PPTP, actúa como un protocolo a nivel de enlace para encapsular, creando un túnel virtual, el tráfico de datos entre dos puntos remotos utilizando como medio de conexión una red existente, usualmente Internet.

No suministra autenticación o cifrado, para ello se suele utilizar **ipSec**, obligatorio en IPV6 y optativo en IPV4.

L2TP añade nuevas funcionalidades a PPTP, trabajando con redes X.25, Frame Relay y ATM.

3.4 Nivel de enlace en ATM

ATM se basa en transmitir toda la información en paquetes pequeños de tamaño fijo llamados celdas, que tienen una longitud de 53 bytes (5 de encabezado).

Las redes ATM son orientadas a conexión. Para transmitir unos datos en primer lugar se establece una conexión, posteriormente las celdas de datos seguiran el camino trazado. De esta forma se asegura el orden, aunque no la llegada.

El nivel de enlace en ATM corresponde al subnivel TC, situado dentro de la capa física.

Cuando las celdas llegan a la subcapa TC, el primer paso es la generación del HEC, que es un campo CRC para la corrección de errores de la cabecera (sólo de la cabecera, ya que el medio físico es muy fiable, por lo tanto es muy difícil que se produzcan errores en los datos).

Existen dos tipos de medios de transmisión
- **Síncronos:** Tienen que transmitir celdas con una periodicidad definida, por lo que si no tienen celdas listas mandan unas de relleno.
- **Asíncronos:** Transmiten la celda cuando está preparada.

En la recepción se ha de localizar el principio y fin de cada celda, verificar el HEC de la cabecera y eliminar las celdas inútiles.

3.5 MPLS

MPLS es un protocolo que emplea una filosofía de integración entre conmutación de circuitos y paquetes pero que está diseñado atendiendo mejor al actual estado de la técnica que ATM por lo que presenta ventajas evidentes sobre éste.

MPLS es un mecanismo de transporte de datos capaz de emular el funcionamiento de las redes de conmutación de circuitos, como ATM, sobre redes de conmutación de paquetes. Es un protocolo ubicado entre los niveles OSI 2 y 3 que permite enviar muchas clases de tráfico, parte del hecho de que con velocidades de 10 Gb/s, incluso tramas de 1.500 bytes, como las de Ethernet, sufren un retraso de transmisión insignificante, por lo que se hace innecesario el uso de las pequeñas celdas ATM, con lo que se evita el esfuerzo y tiempo necesarios para el proceso de fragmentación y reensamblado.

3.6 Ethernet IEEE 802.3

3.6.1 Ethernet

Ethernet es la capa de enlace más popular de la tecnología LAN usada actualmente, que fue desarrollada principalmente por la empresa XEROX. Ethernet es popular porque permite un buen equilibrio entre velocidad, costo y facilidad de instalación. Estos puntos fuertes, combinados con la amplia aceptación en el mercado y la habilidad de soportar virtualmente todos los protocolos de red populares, hacen a Ethernet la tecnología ideal para la red de la mayoría de usuarios de la informática actual.

El estándar original IEEE 802.3 estuvo basado en la especificación Ethernet 1.0. Desde entonces un gran número de suplementos han sido publicados para tomar ventaja de los avances tecnológicos y poder utilizar distintos medios de transmisión, así como velocidades de transferencia más altas y controles de acceso a la red adicionales.

Como resultado de la investigación realizada por Xerox Corporation a principios de los años 70, Ethernet se consagró como un protocolo ampliamente reconocido aplicado a las capas física y de enlace.

3.6.2 Evoluciones de Ethernet, Fast, Gigabit y 10 Gigabit Ethernet

Posteriormente apareció Fast Ethernet que incrementó la velocidad de 10 a 100 Mbit/s. Gigabit Ethernet fue la siguiente evolución, incrementando en este caso la velocidad hasta 1000 Mbit/s.

En 2002, IEEE ratificó una nueva evolución del estándar Ethernet, 10 Gigabit Ethernet, con un tasa de transferencia de 10.000 megabits/segundo (10 veces mayor a Gigabit Ethernet). Se prevé que pronto aparezca 100 Gb Ethernet.

3.6.3 LLC + MAC

En redes Ethernet, con un medio de comunicación compartido, el nivel de enlace se divide en la capa LLC y MAC:
- **LLC:** Se encarga del tratamiento de erores, del entramado, sincronitzación y control de flujo.
- **MAC:** Es la encargada del acceso al medio, intentando que las tramas que envían las estaciones no colisionen entre ellas. Existen diversos protocolos en este subnivel, se comentan brevemente a continuación:

Debido a la gran importancia que tienen las redes Ethernet en la actualidad, revisaremos en este apartado los protocolos a nivel MAC.

3.6.3.1 Aloha simple y aloha ranurado

3.6.3.1.1 Aloha puro.

Las estaciones transmiten según tienen la información lista. Esto produce muchos errores, incluso pueden colisionar con una trama que está acabándose de enviar, con lo que implica que hay que volver a iniciar su transmisión.

3.6.3.1.2 Aloha ranurado.

Igual que el aloha puro, pero en este caso las estaciones empiezan a transmitir en un tiempo determinado, y hasta que se cumpla un intervalo no pueden volver a transmitir. De este modo las colisiones se realizarán al principio de la transmisión, y en ningún momento se podrá colisionar con una trama que se está terminando de transmitir.

3.6.3.2 Protocolos con detección de portadora

Hay un conjunto de protocolos denominados de acceso múltiple con detección de portadora, que antes de comunicar comprueban si el medio ya está ocupado. Esta simple operación permite hacer un uso más eficiente del canal, y alcanzar mayores niveles de ocupación.

3.6.3.2.1 CSMA Persistente.

Si una estación desea transmitir, primero escucha el estado del medio, si está ocupado espera a que quede libre, y según quede libre transmite. Si ocurre una colisión, espera un tiempo aleatorio y luego vuelve a empezar a mirar el medio.

3.6.3.2.2 CSMA no persistente.

Actúa de forma igual que el anterior, pero no espera a que se libre el medio, sinó que deja de controlar el medio durante un tiempo aleatorio.

3.6.3.2.3 CSMA/CD.

Actúa de forma idéntica que la anterior, pero es capaz de detectar que está ocurriendo una colisión, en ese caso, deja inmediatamente de transmitir.

3.6.3.2.4 CSMA/CA.

Es usado en redes WIFI, en caso de que el medio esté ocupado "pide turno" en un protocolo de mapa de bits, que consiste en "anotar" las estaciones que desean transmitir, posteriormente se les va dando turno para que envíen información

3.6.3.3 Protocolos sin colisiones

El problema que supone la existencia de un período de contienda se agrava con el incremento de la longitud de los cables y la disminución del tamaño de la trama. Este es el caso, por ejemplo de las redes de fibra óptica. Veamos ejemplos de protocolos sin colisiones:

3.6.3.3.1 Protocolo de Bit-Map

Las estaciones disponen de un intervalo en la que sólo ellas pueden transmitir. Ese intervalo lo utilizarán para marcar su petición de trasmisión. Una vez se han comprobado las estaciones que quieren trasmitir, se produce la transmisión en orden.

3.6.3.3.2 Protocolo de cuenta atrás binaria

El protocolo bitmap requiere reservar un intervalo de un BIT para cada ordenador. Con un número elevado de ordenadores esto se puede traducir en un coste de tiempo tan elevado que lo haga impracticable.

En el protocolo de cuenta atrás binaria cada uno de los N ordenadores de una red recibirá una dirección codificada en binario. Durante el período de contienda, cada estación que quiere mandar una trama transmite el BIT más alto de su dirección en el intervalo 0 el siguiente en el intervalo 1, etc. Cuando una estación capta un 1 en un intervalo en que el BIT que transmitió fue 0, abandona el intento de transmitir en este turno.

Para mantener la justicia del algoritmo se cambia la asignación de las direcciones.

4 Indice

TEMA

65

Funciones y servicios del el nivel de red y del nivel de transporte. Técnicas y protocolos.

1   Introducción

En el presente tema nos centraremos en estudiar la capa del nivel 3 de la arquitectura OSI, este capa trabaja sobre un medio que le permite mandar tramas de información entre dos nodos situados de modo consecutivo, en este nuevo nivel intentaremos que la conexión de red sea entre nodos remotos, y que el sistema sea el encargado de gestionar el camino que han de seguir las tramas en un momento determinado.

El nivel de transporte es el cuarto nivel del modelo OSI encargado de la transferencia libre de errores de los datos entre el emisor y el receptor, aunque no estén directamente conectados, así como de mantener el flujo de la red.
Proporciona un control de alto nivel para la transferencia de datos, y es capaz de detectar y eliminar paquetes duplicados, velar por el sincronismo en la información y coordinar el reenvío de un paquete si este no ha llegado correctamente a su destino. Puede asignar un número único de secuencia al paquete que va a ser transmitido, para que este sea revisado en el destino por el otro nivel de transporte.

En el presente tema estudiaremos las funciones y servicios de cada una de las dos capas, revisando los protocolos más importantes de cada una de ellas (Ip en red y TCP en la de transporte.

Este tema forma una parte importante del módulo Redes de área local, impartido (entre otros) en el primer curso del Ciclo Superior de Administración de Sistemas Informáticos.

2 El nivel de red

El objetivo de la capa de red es encaminar los paquetes de un origen a un destino, para ello es necesario que conozca la topología de red

2.1 Diseño del nivel

2.1.1 Objetivos

Se pretenden cubrir los siguientes objetivos:

- Independencia de la tecnología de la subred
- Aislamiento a la capa superior de las características de las subredes y proporcionar un sistema uniforme

La gran decisión es elegir si el servicio debiera ser orientado a conexión (**CO**) o no (**CL**).

El caso de Internet es el segundo, en el que el nivel de red no proporciona orden en paquetes ni controla su flujo. El sistema de red, lo que tiene que hacer es llevar los paquetes y nada mas. Los paquetes han de llevar la dirección de destino, y los routers los encaminarán hacia la interfaz adecuada de salida para llegar a éste. Debido a todo esto, es difícil el llevar a cabo un control de congestión u ofrecer **QoS**.

En ls servicios **CO** primero se establece un circuito virtual (**VC**) que será el canal de comunicación, asignándole una identificación. La liberación de este se realiza de forma explícita. Al establecer la conexión se acuerdan los valores de la misma. La comunicación es dúplex, y el orden de entrega está garantizado. Los paquetes no necesitan llevar dirección de destinó, pero si el identificador del VC.

2.2 Control de encaminamiento

2.2.1 Objetivos

El encaminamiento es el proceso por el cual intentamos encontrar un camino entre dos puntos de una red. Para calcular la mejor ruta se usan diversas métricas de parámetros, por ejemplo el número de saltos, retardo de tránsito entre nodos...

El problema del encaminamiento dependerá de la subred, ya sea en **datagramas** (ya que puede variar para cada paquete o en **VC** ya que en estas el encaminamiento se decide por sesión. El encaminamiento buscará un camino óptimo pero este dependerá de cada instante en la red.

2.2.2 Propiedades de los algoritmos, optimización.

Un algoritmo de encaminamiento ha de cumplir las siguientes propiedades:
- Ser correcto y sencillo
- Robusto y estable ante problemas
- Ha de mantener equidad a la hora de tratar a los usuarios.
- Gestionable para llevar contabilidades
- Fácilmente ampliable.

2.2.3 Algoritmos de encaminamiento.

2.2.3.1 Decisión de encaminamiento

2.2.3.1.1 Estructura de un nodo encaminador

A la hora de enviar una **PDU**, los routers han de poseer una información adicional a la del paquete:

- **Entorno local**: Enlaces locales, memoria libre en el buffer.
- **FIB**: Tabla de encaminamiento
- **R-PDU**: paquete de otro nodo que contiene información de la red
- **RIB**: información de encaminamiento, se forma a partir de recepción de **R-PDU** y con la que se forma la **FIB**

2.2.3.1.2 Encaminamiento salto a salto

Cada nodo no conoce la ruta completa, sólo sabe el siguiente nodo al que tiene que enviar. Son los algoritmos que estudiaremos en el presente tema.

2.2.3.1.3 Encaminamiento fijado en origen

Cada paquete leva un campo que especifica su ruta, limitándose los nodos a reenviar los paquetes por esas rutas ya especificadas

2.2.3.2 Algoritmos no adapatativos

No son capaces a responder a variaciones de configuración o de estado de la red:

2.2.3.2.1 Estáticos

Se configuran las tablas de encaminamiento de modo manual, fijando las posibles rutas de antemano. (en Linux se usaría la orden route add)

2.2.3.2.2 Inundación

El nodo reenvía el paquete por todos sus enlaces, excepto por donde le llegó. Para optimizarlo un poco, se identifican todos los paquetes, para no reenviar uno ya reenviado o se limita el número de saltos de nodos de un paquete

En la inundación selectiva se envía por los enlaces correctos (siguiendo el sentido de por donde viene el paquete)

2.2.3.2.3 Cuasiestáticas

Además de las rutas estáticas se dan a priori unas rutas alternativas

2.2.3.3 Algoritmos adaptativos

Las rutas se fijan en cada comento. Por lo que ha de intercambiarse información de control.

2.2.3.3.1 Algoritmos de ruta más corta

Se calcula la ruta más corta en función al retardo medio, velocidad del enlace...

2.2.3.3.2 Algoritmo de aprendizaje hacia atrás

Es un algoritmo aislado (sin intercambio de datos de control) si no se conoce el destino se inunda a los vecinos, sinó se sigue la ruta de las tablas. Como el datagrama trae la dirección de origen, y si el número de saltos es menor que el que tenía, el nodo acaba de averiguar un modo de llegar a el por un camino más rápido, por lo que lo pone en la tabla. Si se tarda mucho en recibir datos de un origen, se borra la entrada. Se usan en redes locales.

2.2.3.3.3 Algoritmos centralizados

Un nodo central almacena la información de todos los nodos, y tras procesarla envía la tabla **FIB** a cada nodo.

2.2.3.3.4 Algoritmos distribuidos

2.2.3.3.4.1 Basados en el vector distancia.

Cada nodo informa a sus vecinos de sus distancias con otros nodos mediante un vector de pares (nodo:distancia), así cada nodo monta su tabla de encaminamiento. Cada nodo es responsable de medir la distancia a sus vecinos periódicamente.

Las "buenas noticias" se propagarán rápidamente y las malas muy lentamente (contar a infinito) a pesar de eso se utiliza aún mucho en la actualidad.

2.2.3.3.4.2 Basados en el estado enlace.

Los nodos deben: descubrir vecinos y direcciones, medir el costo a cada vecino, construir un paquete con lo que ha averiguado y reenviarlo a los routers mediante una inundación controlada. Se calcula la ruta mínima usando **DiJkstra** a cada router. Un ejemplo es **OSPF**.

2.2.3.4 Encaminamiento jerarquizado.

Las tablas **FIB**, crecen exponencialmente, ya que se guarda toda la información de la red en cada router. Es por ello por lo que se divide la red en regiones, y aunque las rutas no son óptimas se simplifica la gestión de tablas y el tráfico de control.

2.2.3.5 Encaminamiento por difusión (broadcast)

Este es el caso en el que se quiere enviar un paquete a todos los destinos posibles. Hay varias posibilidades:
- El origen envía a todos los destinos
- Un paquete con todas las direcciones, si hay que tomar dos salidas en un router, se divide con las direcciones adecuadas para cada salida.
- Construir un árbol de expansión (spanning tree) desde el nodo origen siendo esta solución óptima, pero difícil ya que los routers intermedios necesitarían mucha información.
- El de camino inverso, el nodo comprueba si el origen del paquete suele entrar por esa vía, si es así lo reenvía por todas las vías, ni no es así, lo descarta.

2.3 Control de congestión

2.3.1 Concepto d congestión

La congestión es una situación mantenida en la que es imposible remitir todo el tráfico que se recibe, lo que implicará una disminución en la tasa de envío.

Para evitar esto, se introduce el control de congestión, aunque antes debemos distinguir los siguientes conceptos:

Control de flujo: Permite sincronizar el envío de información de dos entidades a distintas velocidades.

Control de congestión: es un conjunto de técnicas para detectar y corregir problemas cuando no todo el tráfico puede ser enviado.

2.3.2 Causas y principios para su control.

Hay varias situaciones generadoras de congestión.
- Nodos con **capacidad de proceso** insuficiente
- **Velocidad** insuficiente de líneas
- **Memoria** insuficiente en los conmutadores

Soluciones de Bucle abierto (previniendo la congestión) a distintos niveles OSI.
- **A nivel de enlace** ajuste de las retransmisiones (ni muy lento ni muy rápido) y ajustando el tamaño de la ventana que veremos más adelante.
- A nivel de red los routers han de tener con un número y tamaño adecuado de buffers

Soluciones de Bucle cerrado (soluciones activas)
- Monitorización de parámetros
- Envío de información y ajuste del sistema.

2.3.3 Algoritmos de control de la congestión

2.3.3.1 Conformación y vigilancia del tráfico

La principal causa de la congestión es el tráfico a ráfagas, para ello estiste dos medidas que constan de lo siguiente:
- Los **perfiles de tráfico** establecen unos márgenes para fijar una **QoS** entre operador y usuario. Se intenta almacenar las ráfagas en un buffer e irlos enviando en cadencia continua.
- La **vigilancia de tráfico** consiste en verificar que no se excede del perfil pactado. Estos mecanismos se utilizan en redes con **QoS** como **ATM**. Algunos algoritmos que suelen utilizarse son:

2.3.3.1.1 Cubo agujereado

El host envía y se almacena en un buffer (cubo), los datos se envían siempre con el mismo caudal (agujero), si sobrepasan el buffer se descartan (vierte el cubo)

2.3.3.1.2 Cubo con cupones

Se pretende compensar al emisor por su inactividad, para ello se le dan cupones por tiempo inactivo, el emisor los junta, pudiendo ampliar el cupo máximo de envío al número de cupones. El emisor parará cuando no le queden cupones.

2.3.3.1.3 Control de subredes virtuales (bucle cerrado)

En circuitos virtuales, se puede usar el control de admisión, siendo restrictivo y no dejando crear nuevos circuitos, o permitir nuevos desviándolos de la zona congestionada.

2.3.3.1.4 Algoritmos de paquetes reguladores (cerrado)

Se puede usar tanto en **VC** como en **datagramas**.
El router controla sus líneas, si nota algo raro, mediante un paquete estrangulador le dice al emisor que reduzca su ritmo de emisión. Esta política es injusta, ya que la aceptación es voluntaria.

2.3.3.2 Descarte de paquetes

Los nodos tiran paquetes cuando están saturados. Es recomendable descartar los nuevos o mejor consultar al host destino cuales debe descartar.

2.3.3.3 Control de fluctuación

El router debe analizar si el paquete va adelantado o atrasado, para así colocarlo mejor en la cola de envíos.

2.4 Interconexión de redes

Ante la problemática de enlazar distintos tipos de redes, **OSI,** en teoría, solucionaba esta cuestión, para ello la capa de red se subdivide en:
- Acceso a la subred
- Mejora de la subred
- Interconexión de subredes.

2.4.1 Encapsulado y túneles

Sería interesante el poder enviar un paquete de un protocolo determinado mediante una red que soporta otro tipo de protocolos, en eso es el **túneling**, es decir, incluir un paquete de un protocolo, dentro del de datos de otro protocolo.

2.4.2 Seguridad. Cortafuegos.

La interconexión de redes puede plantear los siguientes motivos de seguridad:
- Acceso desde fuera a información confidencial de la red local
- Acceso de la red local a lugares no permitidos

Para ello se utilizan los **firewall** que funcionan como un control de aduanas impidiendo el paso a paquetes no permitidos

2.5 El nivel de red en Internet

2.5.1 Protocolo IP

2.5.1.1 Introducción

La red Internet son un conjunto de redes comunicadas entre si por el protocolo **IP**. IP es un protocolo no orientado a conexión, sin calidad de servicio y sin garantía de entrega de paquetes.

Toda información de una red IP ha de viajar en **datagramas IP**, estos datagramas tienen un tamaño máximo que se reparte entre encabezado (que consta de una serie de campos, como el de **versión**, **longitud de datagrama**, **tiempo de vida**, **protocolo**) y texto.

2.5.1.2 Direcciones IP

2.5.1.2.1 Formato

Cada host y router tienen una dirección **IP** única, asignadas por el **NIC** estas direcciones de **4 bytes** se dividen en dos partes
- **Parte de red**
- **Parte de host.**

Estas direcciones de dividen en 5 clases:

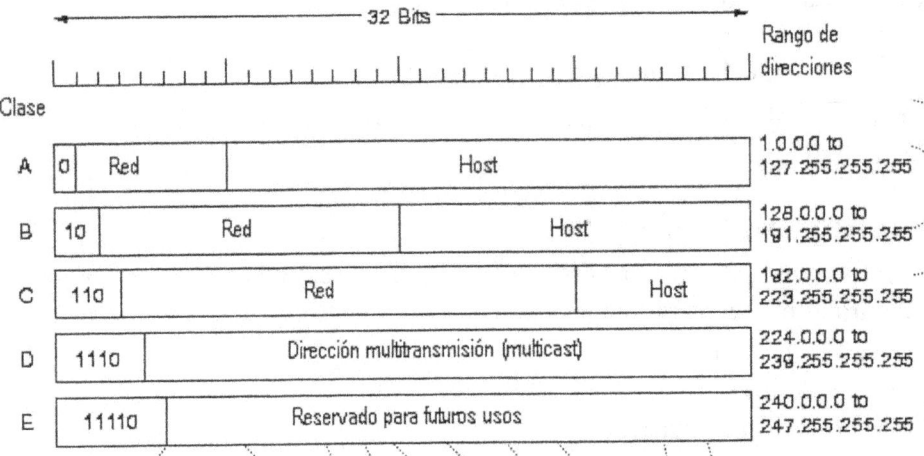

2.5.1.2.2 Convenios de numeración
- Las direcciones normalmente se escriben en notación decimal, separaos por puntos. La dirección 255.255.255.255 se utiliza para indicar broadcast.
- La 0.0.0.0 indica el host actual.
- Si se pone el campo de host a 0 se indica la red actual, si son los de la red a 0 se identifica el host. Esto implica que hay dos direcciones "inútiles en la red"
- Las 127.x.y.z se usan para loopback
- Pas 10.0.0.0, las 172.16.0.0 a 172.31.0.0 y las 192.168.0.0 a 192.168.255.0 están reservadas para redes privadas.

2.5.1.2.3 Subredes

Una red Internet puede dividirse en varias redes más pequeñas mediante el uso de máscaras de subred.
Este aislamiento produce un mejor nivel de seguridad.
Cuando una red se distribuye en varias subredes, la porción de host se divide en dos partes, dirección de subred y dirección de host.

2.5.1.2.4 Subredes de longitud variable

Para paliar el problema de la escasez de direcciones de Internet, se empezaron a utilizar subredes de longitud variable, que en realidad consta de atribuirle una máscara menor a direcciones de tipo B. De este modo se pierden una serie de direcciones B (en realidad poco utilizadas debido a su gran cantidad de host en cada red), y se convierten en nuevas redes de tipo C.

Otras medidas que adopto el CIDR que son dos medidas complementarias.
- Se establece una jerarquía de asignación de direcciones (rangos por continentes, luego a paises y luego a proveedores de servicio de Internet).
- Otorgando a cada organización un conjunto contiguo de redes de clase C.

2.5.1.2.5 Nombres de dominios

Data la incomodidad de recordar una dirección IP, aparecen los DNS que traducen nombres IP en direcciones IP.

La asignación del nombre se asigna mediante u dominio o raíz y añadiendo los subdominios necesarios. Hay dos tipos de dominios raíz:
Geográficos (.es) y de organización (.com)

2.5.1.2.6 Acceso a Internet desde redes privadas. NAT

Cuando se utilizan redes privadas y si existe la posibilidad de salir a Internet, necesitaremos un servidor NAT de forma que traduzca nuestras direcciones IP privadas a direcciones válidas en Internet.

Los servidores de NAT pueden ser de tres tipos:
- **NAT estático:** asocia una dirección IP privada a una dirección IP pública disponible.
- **NAT dinámico:** asocia una dirección IP privada a una dirección IP pública dentro de un rango de direcciones.
- **Sobrecarga**: Asocia a IP privada un puerto dentro la conexión de la dirección IP pública.

2.5.2 Protocolos de control
- **ICMP** son mensajes de control encapsulados en datagramas **IP**
- **ARP** Realiza automáticamente correspondencias entre **MAC-IP**
- **RARP** Al revés que la anterior, con la **MAC**, averiguar su **IP**
- **DHCP** el cliente "alquila" al servidor una **IP** que renegocia en la conexión.

2.5.3 Encaminamiento en Internet

2.5.3.1 Concepto

En la primera década Internet disponía de pocos ordenadores conectados, por lo que el encaminamiento era sencillo, eso se conseguía con un algoritmo de vector distancias.
En su segunda década, Internet había crecido, y por lo tanto se pasó a un estado de enlaces, difundiendo los routers como hemos visto, su información cada un tiempo.
Desde aquellas hasta hoy, Internet se ha jerarquizado, dividiéndose en núcleo (CORE) y en sistemas autónomos.

2.5.3.2 Tipos de protocolos de encaminamiento

Los protocolos de encaminamiento definen un método por el cual los routers pueden comunicarse entre sí, y compartir información sobre la red. Este método les permite generar su tabla de enrutamiento y ofrecer información sobre los routers desconectados, rutas alternativas e información de velocidad. Existen diversos métodos para obtener información de encaminamiento, que se describen a continuación:

- **Métodos de protocolos de vectores de distancia:** un router que utiliza un método de protocolo de vectores de distancia difunde periódicamente sus tablas de encaminamiento por toda la red (esto puede afectar sensiblemente el rendimiento en grandes redes). Los métodos de vectores de distancias encuentran la mejor ruta hacia un destino basándose en el número de routers a seguir hasta dicho destino (RIP, RIPv2, RIPng).
- **Métodos de protocolos de estado de enlaces:** para una gran red de redes, es más adecuado usar el método de protocolo de estado de enlaces, como OSPFv2. La información de las tablas de encaminamiento sólo se envía cuando hay un cambio en la información. Con los protocolos de estado de enlaces, se puede establecer el mejor camino creando varios caminos o especificando la ruta con la mejor velocidad, mayor capacidad o la mayor fiabilidad.

2.5.3.3 Protocolos de encaminamiento más difundidos

Los que siguen son algunos de los protocolos comerciales de encaminamiento más habituales:

2.5.3.3.1 Encaminamiento interno

El proceso de redirección de paquetes que se efectúa dentro de un sistema autónomo IP se denomina encaminamiento interior. Entre esos protocolos destacan:

- **RIP:** Protocolo de vectores distancia, resulta ineficaz para Internet aunque se puede usar en redes locales.
- **OSPF:** Protocolo de estado de enlace, habitualmente usado en Internet.

2.5.3.3.2 Encaminamiento externo

Se entiende por encaminamiento externo a aquel que permite a los enrutadores situados en diferentes sistemas autónomos de Internet intercambiar información. Los principales son:

- **EGP:** intercambia información entre los sistemas autónomos.
- **BGP:** es el protocolo de encaminamiento troncal estándar en Internet.

2.5.4 Ipv6

Ante el posible agotamiento de direcciones **IP**, y tras haber realizado parches como las subredes y las superredes, se está optando por realizar una nueva versión **IPv6**, que afecta a otros dos protocolos **RIPv6** y **OSPFv6**.

Sus características son las siguientes:

- Las direcciones son de 16 bytes.
- Se simplifica la cabecera.
- Se incrementa la seguridad y se establecen más niveles de seguridad mediante la obligación de implementar IpSec.

3 La capa de transporte

3.1 Introducción

La función principal de la capa de transporte es la de aceptar los datos de capas superiores, dividirlos en unidades más pequeñas y garantizar que lleguen al destino de forma segura y económica.

El diálogo entre entidades de transporte es de extremo a extremo y no salto a salto.

La capa de transporte se encarga de mejorar la **QoS** garantizando la fiabilidad y calidad de servicio. Tiene que atender a parámetros como retardo en el establecimiento de la conexión, probabilidad de fallo, retardo en liberación de la conexión.

3.2 Calidad de servicio y coste.

Para mejorar el servicio, la capa de transporte puede multiplexar varias conexiones de transporte en una conexión de nivel de red o bien usar varias conexiones de red para mejorar la **QoS**.

3.3 Funciones del nivel de transporte.

3.3.1 Primitivas de servicio.

Es difícil que un usuario servicio de transporte acceda conectándose a unos puntos denominados **TSAPS**, la entidad de transporte local es aquella que atiende directamente las peticiones del usuario y dialoga con este intercambiando primitivas.

3.3.2 Direccionamiento

Cuando un sistema ofrece servicios como no es normal que cada usuario de servicio de transporte conociera la dirección del **TSAP** correspondiente, para ello se usan una entidad de transporte tras escuchar la petición, la desvía al **TSAP** adecuado.

3.3.3 Establecimiento de la conexión

Para establecer una conexión, la entidad de transporte envía una **TPDU** solicitando conexión, el problema puede surgir que ya que van en **datagramas**, pueden llegar de forma duplicada, o que mientras tarda en llegar, el emisor libera la conexión (problema de liberación de conexión). Esto implicará que, o bien se generen direcciones de transporte distintas (mediante una estampación de una marca), que se den identificadores a cada conexión o que se limite el tiempo de vida máximo del **TPDU** en la red. O en caso de liberación de la conexión, se haya previamente un acuerdo de desconexión entre las dos entidades.

Los mismos problemas pueden surgir a la hora de liberar una conexión.

3.3.4 Multiplexación

Como hemos visto anteriormente se pude dar multiplexación al tener varias conexiones de transporte sobre una conexión de red o bien una de transporte en varias de red.

3.3.5 Control de flujo.

Dado el alto número de conexiones a nivel de transporte, es imposible mantener una copia de todas las **TPDUS** en el host transmisor, siendo lo normal que la máquina receptora posea un buffer (ventana) para almacenar las **TPDUS** nuevas.

3.3.6 Recuperación de caídas

La capa de transporte es la encargada de gestionar el reenvío, tanto en **datagramas** como en **VC** y será por lo tanto el encargado de realizar una conexión nueva en caso de caída de la subred.

Por lo general, la recuperación de la caída de la capa **n**, la ha de realizar la capa **n+1**.

3.4 *Protocolo de transporte en Internet.*

3.4.1 Introducción

Este protocolo usa principalmente dos protocolos:

3.4.2 UDP

Ofrece un servicio no orientado a conexión y no fiable, entre sus campos se distinguen puerto fuente, puerto destino longitud y datos.

3.4.3 TCP

El fin de **TCP** es ofrecer un flujo Orientado a conexión y fiable, para obtener el servicio **TCP**, emisor y receptor tienen que crear unos puntos de conexión denominados **sockets** siendo estos una dirección IP y un número de puerto.

Las conexiones **TCP** son punto a punto y dúplex, pudiendo soportar datos urgentes.

En su cabecera podemos destacar, puerto de origen, puerto de destino, numero de secuencia, tamaño de ventana, suma de comprobación.

3.4.3.1 Administración de conexiones

Para establecer una conexión, **TCP** usa el acuerdo a tres vías.

Llega solicitud y no hay nadie escuchando, se devuelve paquete con **RST** a 1.

Si hay escuchando, se puede rechazar o aceptar conexión, en este último caso, manda un acuse de recibo.

3.4.4 Política de transmisión.

Para un ajuste de transmisión óptimo, se utiliza una ventana, que determina el caudal de datos que el emisor puede enviar y que el receptor puede recibir. A lo largo de la comunicación el tamaño de la ventana puede ir variando dependiendo de las capacidades de envío y recepción de los hots implicados.

3.4.4.1 Control de congestión.

TCP trata de controlar la congestión evitando enviar un paquete nuevo a la red sin que haya sido enviado un antiguo.

Es de mucha ayuda de todos modos la política de transmisión, permitiendo que la ventana deslizante evite la congestión de host como de la red.

Indice

TEMA

66

Funciones y servicios de las capas de Sesión, Presentación y Aplicación. Protocolos y estándares

1 Introducción. Encuadre

Las capas de sesión, presentación y aplicación constituyen los niveles superiores en el modelo de referencia **OSI**. Estas capas están fuertemente orientadas a proporcionar una serie de servicios orientados al usuario.

Las capas superiores trabajan sobre un canal de comunicaciones exento de errores, y le añaden servicios útiles para todo tipo de aplicaciones, de forma que los desarrolladores de software de usuario puedan utilizar estos servicios sin necesidad de codificarlos explícitamente, e incorporarlos a cada uno de sus programas.

El planteamiento del tema que se presenta consiste en comentar las funciones de los tres niveles: presentación, sesión y aplicación. Indicando las funciones de los dos primeros niveles aunque actualmente están englobadas en un nivel de aplicación híbrido, que es el utilizado por las redes **TCP/IP**. Debido pues a la gran importancia del último nivel, será el que se profundizará en una mayor medida.

Este tema pertenece al temario de asignatura de "Instalación y mantenimiento de servicios de redes locales" del ciclo de grado medio de Explotación de Sistemas Informáticos (para el nuevo ciclo medio, Sistemas Microinformáticos y Redes, el módulo correspondiente sería Redes locales), y al módulo "Redes de área local" del ciclo de grado superior Administración de Sistemas Informáticos.

2 El nivel de sesión

2.1 Servicios

2.1.1 Sesiones

La capa de sesión tiene como misión permitir a los usuarios establecer conexiones, denominadas sesiones, para la transferencia ordenada de datos.

2.1.2 Intercambio de datos

Como viene siendo una constante en las capas estudiadas hasta el momento, la utilidad fundamental de la capa de sesión es contribuir al intercambio de datos, utilidad a la que esta capa añade la condición de que la transmisión ha de ser ordenada.

2.1.3 Organización del diálogo y sincronización

Aunque OSI permite en todas sus capas el establecimiento de conexiones dúplex, en las capas de nivel superior a hay varios escenarios en los que el software se organiza de tal modo que los usuarios de sus servicios han de funcionar por turnos. Con ello, lo que finalmente se obtiene es una comunicación semidúplex. Para ello es necesario organizar el diálogo, es decir, arbitrar a que interlocutor le corresponde el turno de comunicar. La capa de sesión ofrece este servicio por medio de una técnica denominada de **paso de testigo**, que consiste en permitirle comunicar sólo a aquel interlocutor que tiene el testigo, al realizar la comunicación el testigo se le pasará a otro interlocutor.

Esta técnica será violada en el caso de **notificación de excepciones**, para ello la capa de sesión posee un mecanismo mediante el cual es posible notificar errores entre los interlocutores. Así, si en un extremo del circuito de produce un problema, será posible notificar errores entre los interlocutores saltándose así la técnica de paso de testigo.

3 El nivel de presentación

3.1 Servicios

3.1.1 Representación independiente del contexto

En el mundo informático existen muy diversos modos de representar internamente la información. Ante este panorama, es evidente que si se desea comunicar máquinas y tener éxito, será necesario salvar estas diferencias de representación. Las alternativas propuestas caen dentro de tres posibles categorías:
- El extremo **transmisor** realiza la conversión.
- Es el **receptor** quien realiza la conversión.
- Ambos, emisor y receptor, traducen hacia, y desde, un **formato único** que es el que emplea internamente la red.

3.1.2 Compresión de datos

Se puede considerar la compresión como una función accesoria a la representación de datos. No obstante, su estudio se acomete dentro del nivel de aplicación.

3.1.3 Seguridad

Esta es otra función que se podría colocar en el nivel de presentación pero que se incluye, por motivos de coherencia con los enfoques más actuales, en el nivel de aplicación. Hay que decir no obstante que la seguridad puede ser inherente a cada nivel, y de hecho, en **IPv6** se incluyen ya técnicas de transmisión segura desde el nivel de red.

4 El nivel de aplicación

4.1 Utilidad

La capa de aplicación contiene los programas del usuario que hacen el trabajo real para el cual fueron adquiridos los ordenadores. Estos programas utilizan los servicios que ofrece la capa de presentación para sus necesidades de comunicación.

El nivel de aplicación es el que entra en contacto con los usuarios finales, incluyendo cualquier función o servicio que se use en la red, y que no se suministre en los niveles anteriores. Por este motivo, se podrían escribir un libro de miles de páginas sobre este nivel, debido a esto la exposición se va a centrar en:

- Un conjunto de **servicios de apoyo** necesarios para el funcionamiento, de las aplicaciones.
- Las **aplicaciones** propiamente dichas. De entre todas se han seleccionado:

4.2 Servicios de apoyo

4.2.1 Compresión de la información transmitida

4.2.1.1 Concepto

Actualmente, dado el tremendo auge de las redes de comunicación y de su utilización para transmisión multimedia, se sigue investigando intensivamente en este campo de la compresión de datos.

La compresión de la información se utiliza intensivamente para ahorrar recursos, sean éstos espacio de memoria secundaria, o ancho de banda en comunicaciones. Esta técnica requiere dos algoritmos, paralelos pero no necesariamente simétricos, el de compresión y el de descompresión. Respecto a ellos es importante diferenciar entre compresión de datos y compresión multimedia:

- **Compresión de datos:** se espera que lo que se obtiene al descomprimir sea exactamente igual que lo que se comprimió.
- **Compresión multimedia:** se admite una cierta degradación que, seguramente, pasará desapercibida y que permitirá que el proceso de descompresión no sea excesivamente lento para los fines propuestos.

4.2.1.2 Ejemplos

4.2.1.2.1 Algoritmo Lempel-Ziv

El algoritmo **LZ** busca secuencias repetidas dentro de los datos, cada vez que encuentra una de ellas, la reemplaza por un puntero a la zona en la que comienza la primera secuencia, más la longitud que se debe tomar a partir de esa posición. En caso de que no haya repeticiones, se emite la secuencia como estaba.

Existe una variante de **LZ**, denominada **LZW**, bastante conocida porque, entre otros, se utiliza en el formato de imágenes **GIF**. Es una modificación de **LZ** que, a costa de una menor ratio de compresión, ofrece mejoras en cuanto a velocidad y uso de memoria.

4.2.1.2.2 MPEG

La **ISO** creó el **MPEG** con el encargo de desarrollar un estándar para comprimir señales con mezcla de audio y vídeo para aplicaciones multimedia. La parte de vídeo de **MPEG-1** se emplea en el formato Vídeo CD. La capa de nivel 3 de **MPEG-1** es conocida como **MP3**.

La segunda fase, llamada **MPEG-2**, es un estándar descompresión para imágenes con movimiento y audio. Se usa especialmente en la difusión de televisión digital por satélite. Con algunos retoques **MPEG-2** se emplea también en la codificación de las películas comerciales en formato **DVD**.

Posteriormente **MPEG-4** se desarrolla teniendo en mente la distribución de señal audio-vídeo por Internet.

4.2.2 Seguridad y confidencialidad

La seguridad no era algo que preocupara excesivamente a los primeros usuarios de las redes de comunicaciones, hoy el panorama ha cambiado radicalmente, ya que se camina hacia una interconexión total, debiendo por lo tanto tomar medidas que permitan garantizar la confidencialidad, la integridad y la disponibilidad de la información.

4.2.2.1 Introducción a la criptología

La criptología se divide en dos ciencias:
- **Criptografía:** es la ciencia cuyo objetivo es conseguir que un mensaje sea sólo comprensible para sus legítimos destinatarios e ininteligible para cualquier extraño.
- **El criptoanálisis** es la ciencia cuyo objetivo es quebrantar el cifrado obtenido con la criptograffñia

Cuando hablamos de criptografía el mecanismo básico es el denominado criptosistema, que se compone de dos fases:
- **El cifrado.** Conversión del texto en claro en texto cifrado usando una clave
- **El descifrado.** Proceso inverso.

Un criptosistema está definido por los siguientes elementos:
- Mensajes sin cifrar (P)
- Posibles mensajes cifrados o criptograma (C).
- Conjunto de claves. (k)
- El conjunto de transformaciones de cifrado (M)
- El conjunto de transformaciones de descifrado (D).

Para todo criptosistema se ha de cumplir:

$$Dk(Ek(P))=P$$

Los modelos de cifrado se dividen históricamente en dos categorías: cifrados por **substitución** y cifrados por **transposición**. En los primeros cada letra o grupo de letras se reemplaza por otra letra o grupo de letras. Los cifrados por transposición mantienen los mismos símbolos, pero en un orden distinto.

Los algoritmos de cifrado se pueden descomponer en dos tipos:

4.2.2.1.1.1 Cifrado con clave secreta

La criptografía simétrica usa la misma clave para cifrar que para descifrar, la seguridad se basa en el secreto de esa clave.

El gran problema que presentan es a la hora de enviar la clave para que el cliente pueda descodificar el mensaje.

Un algoritmo importante es **DES**, basado en permutaciones, sustituciones y operaciones **XOR**. Tiene la peculiaridad de ser reversible aplicando la clave de cifrado y las operaciones en orden inverso.

El algoritmo de ataque más práctico contra **DES** es la fuerza bruta, buscando posteriormente resultados coherentes.

4.2.2.1.1.2 Cifrado con clave pública

Surge en respuesta de los problemas que tiene el cifrado con clave secreta, sobre todo a la hora de distribuir la clave.

En este tipo de cifrado, las claves pública y privada son distintas, y han de cumplir los siguientes requisitos:
- Es muy **difícil deducir** la clave de descifrado a partir de la de cifrado.
- Las claves han de estar **relacionadas matemáticamente** de forma que los datos codificados por una de las dos sólo pueden ser descodificados por la otra.

Cada usuario tiene dos claves, la pública y la privada.

Los algoritmos se pueden utilizar de dos formas:
- **Servicio de confidencialidad.** Cuando un usuario A quiere enviar información a otro usuario B, utiliza la clave pública de B, asegurando el servicio de confidencialidad ya que sólo el usuario B sabe descodificar el mensaje.
- **Servicio de autenticación.** Para poderse autentificar un usuario B, éste codifica un mensaje con su clave privada, de forma que el receptor puede verificar si en realidad es B descodificando el mensaje con la clave pública.

Uno de los algoritmos más utilizados es **RSA**, que utiliza las propiedades de los números primos para la gestión de sus claves. El ataque común a este algoritmo es el ataque de intermediario, en el que el atacante enmascara al emisor y al receptor situándose entre los dos.

4.2.2.2 Autenticación

4.2.2.2.1 Concepto

Mediante la autenticación se pretende garantizar que un interlocutor es quien dice ser y no un impostor. La autenticación ha de realizarse mediante mecanismos de cifrado, entre los que destaca la firma digital.

Otro tipo de autenticación es la de usuario, que garantiza la existencia de un usuario legal en el sistema.

4.2.2.2.2 Kerberos

Permite a los usuarios de estaciones de trabajo el acceso a recursos de la red de manera segura, proporcionando un sistema de autenticación entre clientes y servidores.

El sistema se basa en una serie de intercambios cifrados denominados "tickets", que permiten controlar el acceso desde las estaciones a los servidores.

Su nombre proviene de los tres servidores que utiliza:
- Servidor de datos.
- Servidor de validación.
- Servidor de concesión de vales.

4.2.2.3 Firma digital

4.2.2.3.1 Concepto y objetivos

Una firma digital sirve para:
- Que el receptor pueda **acreditar** al servidor.
- Que el emisor no pueda **repudiar** el contenido del mensaje.
- Que no se pueda **modificar** el mensaje.

4.2.2.3.2 Mecanismos

El modo de funcionar de la firma digital es con clave pública, pero para solucionar el problema del ataque de intermediario, se usan certificaciones intermedias.

Como hemos visto, en realidad lo que interesa es saber quien envió el mensaje, por lo que la mayoría de las veces no hace falta que vaya cifrado. Para firmar el mensaje se usan algoritmos que producen un extracto del mensaje, sobre el que se le aplica la clave privada. Posteriormente se envía el extracto cifrado y el mensaje original.

Dos de los algoritmos más utilizados son **MD5,** y el algoritmo **SHA** usado en versiones recientes de **PGP** y de clientes de correo electrónico.

4.2.2.4 Certificado de clave pública. X.509

Dentro del actual esquema de redes abiertas, las autoridades de certificación asumen el papel de fedatarios públicos, verificando la identidad de usuarios y entidades. Para ello proporcionan un certificado digital.

En la actualidad, la certificación usa el estándar **X.509** que permite:
- **Firmar** digitalmente los mensajes.
- **Cifrar** la información del certificado.

4.2.2.5 Protocolo SSL

Para realizar transacciones seguras sobre Internet, se utiliza **SSL**, que se basa en el uso de la certificación del servidor.

Una vez establecida la conexión con un servidor, el navegador solicita una conexión segura, remitiendo el servidor un certificado electrónico de clave pública.

La estación del usuario genera una clave de sesión que se va a utilizar para el cifrado simétrico, cifrándola con la clave pública del servidor. (Se realiza por tanto un cifrado simétrico con distribución asimétrica).

4.2.2.5.1 TLS (Transport Layer Security)

TLS presenta una serie de ventajas sobre SSL una de ellas es que a diferencia de éste, TLS puede ser iniciado a partir de una conexión TCP ya existente, lo cual permite seguir trabajando con los mismos puertos que los protocolos no cifrados..

4.2.2.5.2 IPsec

A nivel de red y superiores, el diseño de **TCP/IP** (IPv4) no está hecho teniendo en cuenta aspectos de seguridad. **IPv6** incluye **IPsec** como parte de su especificación.

IPsec incluye dos protocolos de seguridad:
- **Cabecera de Autenticación** (AH): Protocolo de autenticación que usa una firma hash para integridad y autenticidad del emisor.
- **Encapsulación de la Carga de Seguridad** (ESP): Protocolo de autenticación y cifrado que usa mecanismos criptográficos para proporcionar integridad, autenticación del origen, y confidencialidad

4.2.3 Gestión de red: SNMP

SNMP es un protocolo de nivel de aplicación para consulta a los diferentes elementos que forman una red (routers, switches, hubs, hosts, modems, impresoras, etc).

Cada equipo conectado a la red ejecuta unos procesos (agentes), para que se pueda realizar una administración tanto remota como local de la red. Dichos procesos van actualizando variables (manteniendo históricos) en una base de datos, que pueden ser consultadas remotamente.

Por ejemplo, en el caso de:
- **un router:** interfaces activos, la velocidad de sus enlaces serie, número de errores, bytes emitidos, bytes recibidos, ...
- en una **impresora:** que se terminó el papel, ...

4.2.4 Gestión y conversión de nombres de dominio: DNS Y WINS

4.2.4.1 DNS

DNS permite a sus usuarios utilizar nombres jerárquicos sencillos en lugar de sus direcciones **IP**, para comunicarse con otros equipos. Antes de la implantación de **DNS**, la traducción de direcciones **IP** a nombres de computadoras se efectuaba mediante listas de nombres y sus direcciones **IP** asociadas, almacenados en archivos hosts.txt (en caso de UNIX), de forma que el archivo debía ser periódicamente actualizado en las diferentes redes. Esta solución resultó insuficiente para Internet debido a la complejidad de la red. **DNS** fue la manera de resolver este problema.

DNS está compuesto de una base de datos distribuida de nombres que se organiza según una estructura lógica arborescente, conocida como espacio de nombres del dominio. Cada nodo o dominio en el **DNS** tiene un nombre y puede, a su vez, contener subdominios, de forma que cada dominio es el encargado de administrar sus subdominios.

La raíz (root) de la base de datos de **DNS** en Internet es administrada por el **IANA**. Estos nombres se dividen en dos grupos: genéricos (.com, .info) y de país (.es, .it).

4.2.4.2 WINS

WINS es un servicio de traducción de nombres en direcciones **Netbios** que permite ubicar rápidamente un recurso en una red Windows. En versiones de Windows a partir de **Windows 2000** este servicio ha sido substituido por **DNS y Active Directory**.

4.2.5 Configuración automática de estaciones: DHCP

Mediante este protocolo un servidor, denominado servidor **DHCP**, provee los parámetros de configuración, tales como máscara de red, pasarela, dirección **IP** y otros, a los sistemas conectados a la red informática que lo requieran, que han de ejecutar un programa denominado cliente **DHCP**.

4.2.6 Servicios de directorio: LDAP

Un directorio es una fuente de información usada para almacenar información sobre objetos que interesan desde algún punto de vista. Los usuarios utilizan objetos como impresoras, directorios, usuarios.. en sus tareas diarias, por lo que es muy útil tenerlos clasificados, localizados y accesibles para su uso. Por su lado los administradores han de gestionar estos objetos, y tienen requerimientos de organización aún superiores a los de los usuarios.

El término directorio **LDAP** es un protocolo estándar de red diseñado para consultar y gestionar servicios de directorios.

4.3 Aplicaciones

4.3.1 Transferencia de archivos y acceso a sistemas remotos

4.3.1.1 Transferencia de archivos: FTP

FTP funciona según el esquema cliente-servidor. Así en un lado de la conexión tendremos un servidor **FTP** y en el otro un cliente.

Cuando un usuario solicita una conexión **FTP** se establecen al menos dos conexiones **TCP**. Una para transmisión de datos de control, que utiliza habitualmente el puerto 21, y una segunda para la transferencia de datos del archivo que utiliza normalmente el puerto 20.

4.3.1.2 Terminales virtuales: telnet

Telnet proporciona la capacidad de conexión remota a un sistema desde un terminal o computadora personal. **Telnet** funciona en dos partes, la parte cliente se ejecuta en el ordenador del usuario, y el servidor **Telnet** dialoga con una aplicación, actuando como sustituto del gestor del terminal de forma que la aplicación vea al terminal remoto como local.

4.3.1.3 Terminales virtuales seguros: SSH

SSH es un protocolo con medidas de seguridad que deriva de telnet. La primera versión de **SSH** tenía bastantes debilidades por lo que pronto apareció una segunda versión **SSH2** que es la que se recomienda emplear.

4.3.2 Correo electrónico

4.3.2.1 Nociones

El correo electrónico es una forma de enviar correo, mensajes y otro tipo de información de un ordenador a otro a través de una o más redes de comunicaciones. Esto permite que sea muy rápido, pudiendo ser cuestión de segundos que un mensaje llegue a su destino. Además permite enviar todo tipo de información digitalizada gracias a aplicaciones como **MIME**.

4.3.2.2 Transferencia de mensajes en Internet

4.3.2.2.1 SMTP

El protocolo simple de transmisión de correo (SMTP), es el estándar de Internet para el intercambio de correo electrónico. **SMTP** requiere que el subsistema de transmisión ponga a su disposición un canal de transmisión fiable y con entrega ordenada (TCP).

4.3.2.2.2 Protocolos de entrega POP e IMAP

En caso de que el ordenador de usuario no tenga instalado los servicios de un servidor **SMTP**, si quiere usar el servicio de correo deberá ponerse en comunicación con un servidor de correo electrónico, y para ello habrá de usar algún protocolo de entrega como los siguientes:

- **POP** es el protocolo más sencillo de los usados para la mensajería cliente/servidor sobre Internet. La versión actual, **POP3** permite al usuario establecer y terminar una sesión, obtener mensajes y borrarlos, y otras funciones.
- **IMAP** es un protocolo de servicio de correo Internet avanzado, que aporta funciones de almacenamiento y envío. A diferencia de **POP**, en **IMAP** el servidor de correo mantiene un depósito central al que puede accederse desde cualquier máquina, ya que el protocolo no descarga el correo en una máquina concreta del usuario.

4.3.2.3 Formato de los mensajes

4.3.2.3.1 MIME

Originalmente, aquellos usuarios que deseaban transmitir mensajes que no fueran textos **ASCII** tenían que utilizar el servicio **FTP**. **MIME** agrega una estructura específica al cuerpo del mensaje, estableciendo una serie de procedimientos de codificación para convertir mensajes no **ASCII** en **ASCII de 7 bits**. Para ello, **MIME** define un conjunto de sistemas de codificación que pueden ser usados para representar datos binarios, como imágenes estáticas, sonidos, películas, programas, etc., usando caracteres ASCII de 7 bits.

4.3.2.4 Seguridad en el correo electrónico

Los sistemas de correo y las aplicaciones basadas en ellos requieren protección extremo a extremo debido a que la información atraviesa un número grande e indeterminado de nodos de la red en los que el acceso de intrusos está casi garantizado.

Actualmente, existen varios sistemas de correo electrónico que garantizan un nivel de seguridad, en algunos casos muy elevado:

- **PEM.** Utiliza una tecnología mixta, por un lado pública para las claves y por otro, privada para el texto del mensaje.
- **PGP.** Utiliza los algoritmos de clave asimétrica **RSA**, de simétrica triple **DES** y como generadores de resumen a **SHA** y **MD5**. Además permite comprimir los mensajes utilizando **Lempel-Ziv**
- **S/MIME.** Transmite de forma segura datos **MIME**

4.3.3 Noticias USENET. NNTP

Usenet es una agrupación de foros de debate mundial sobre un tema concreto, foros conocidos como grupos de noticias. Los usuarios interesados sé pueden suscribir al grupo tras lo que utilizando un lector de noticias podrán consultar la colección de mensajes publicados en el grupo y que son distribuidos a través de Internet.

En cuanto a la implementación de **Usenet**, los grupos muy pequeños se pueden organizar como una lista de correo, no obstante, si el grupo crece esta organización producirá una cantidad de tráfico de correo excesiva, en su lugar se puede almacenar el correo en un único directorio, con una estructura jerárquica de subdirectorios para los distintos grupos.

Usenet utiliza el Protocolo de Transferencia de Noticias en Red **NNTP** parecido al **SMTP**. Este protocolo se utiliza tanto para la difusión de noticias desde las fuentes a los servidores y viceversa, como para que los usuarios accedan a éstos con el fin de consultar los grupos.

4.3.4 World Wide Web

4.3.4.1 Protocolos y lenguajes

4.3.4.1.1 HTTP

El Protocolo de Transferencia de HiperTexto es un sencillo protocolo cliente-servidor que articula los intercambios de información entre los clientes web y los servidores http. Esta soportado sobre los servicios de conexión **TCP/IP**, y funciona de la misma forma que el resto de los servicios comunes de los entornos **UNIX**. La conversación se organiza sobre un sistema de solicitudes y respuestas. Cada servidor web tiene un proceso que permanece a la escucha en un puerto **TCP**, esperando conexiones entrantes de los clientes, que suelen ser navegadores. Cuando se establece la conexión, los exploradores de web solicitan información al servidor, enviando una dirección **URL**. El servidor responde con un mensaje similar, que contiene el estado de la operación y su posible resultado.

4.3.4.1.2 HTML

El Lenguaje de Marcas para HiperTexto **HTML** permite a los desarrolladores producir páginas web con texto, gráficos y enlaces a otras páginas o recursos **URL**.

4.3.4.1.3 CSS

Las hojas de estilo en cascada **CSS**, son un lenguaje de especificación que se utiliza para definir la presentación de un documento estructurado escrito en **HTML\XHML** ó **XML**. La idea que subyace detrás del desarrollo de **CSS** es separar la estructura de un documento es su contenido, que quedaría a cargo del lenguaje de marcas y su presentación a cargo del **CCS**.

Las ventajas principales del uso de **CSS** son presentar diferentes **CSS** que adapten los mismos contenidos para diferentes vehículos de presentación, se reducirá el código del documento facilitando, además de su posibilidad de carga en un navegador, su inteligibilidad.

4.3.4.1.4 XML

El lenguaje de marcas extensible **XML** es considerado el formato por excelencia para los datos y documentos. **XML** ha sido diseñado con el fin de facilitar la compartición de datos a través de diferentes sistemas y plataformas.

XML, al igual que el **HTML**, se implementa, en documentos de texto plano donde se emplean etiquetas para delimitar los diferentes elementos que los componen. A diferencia de **HTML**, **XML** define estas etiquetas exclusivamente en función del tipo de datos que está describiendo, y no de la apariencia final que tendrán en el dispositivo de presentación. Además **XML** es extensible permitiendo definir nuevas etiquetas y ampliar las ya existentes.

Para que un documento **XML** sea correcto debe cumplir dos reglas:
- Estar **bien formado**: ha de cumplir todas las reglas sintácticas.
- Ser **válido**: los datos han de cumplir un conjunto particular, definido por el propio usuario.

4.3.4.1.5 Java

4.3.4.1.5.1 El lenguaje

Gosling, un trabajador de Sun, desarrolla en su tiempo libre un lenguaje de programación que el denomina OaK (en honor al roble que se veía desde la ventana de su casa). Este lenguaje estaba basado en **C++**, pero modificando algunos parámetros y sobre todo, intentando que sea independiente de la máquina en la que se desarrolla.

4.3.4.1.5.2 Java como lenguaje web de cliente: Applets

Java permite codificar pequeños programas, que se descargan del servidor web al navegador del cliente para su ejecución. Estos programas, denominados applets permiten dotar de contenidos dinámicos e interactividad a los sitios web.

4.3.4.1.5.3 Java como lenguaje web de servidor: JSP y servlets

Java Server Pages **(JSP)** es el nombre dado a la tecnología y al lenguaje web desarrollados por Sun, que se emplean para generar páginas de forma dinámica en el servidor web.

4.3.4.1.6 Otros lenguajes web de cliente,

Existen muchos lenguajes del lado cliente algunos de los cuales son:

VBscript se trata de una Versión limitada de Visual Basic de Microsoft, que puede ser utilizada como un lenguaje de guionado de propósito general.

Sun y Netscape crearon **JavaScript**. A raíz del gran éxito de **JavaScript** como lenguaje de mejora para páginas web, Microsoft creó **JScript**, lenguaje muy similar a JavaScript. JScript y JavaScript son lenguajes interpretados orientados a las páginas web, con una sintaxis semejante a la del lenguaje C.

Actionscript es un lenguaje propietario que se utiliza en el entorno de desarrollo **Macromedia Flash** para la codificación de aplicaciones web animadas. A diferencia de las aplicaciones **JavaScript** qué no requieren ningún tipo de añadido para ser interpretadas por los navegadores web, las aplicaciones Flash requieren la instalación de un accesorio o plugin que se descarga desde la **Web**.

4.3.4.1.7 Otros lenguajes web de servidor

En el servidor también se puede ejecutar código en algún lenguaje de programación, algunos de los cuales son los que siguen:

4.3.4.1.7.1 CGI

El Interfaz de Pasarela Común, **CGI**, no es un lenguaje, sino un estándar de facto para la transferencia de datos entre el servidor web y programas ejecutados en la misma máquina. Los programas **CGI** pueden ser escritos en cualquier lenguaje que pueda ejecutarse en el sistema servidor (Ej, Perl, Python, C/C++ y PHP, entre otros).

4.3.4.1.7.2 Perl, Python, PHP y ASP

Además de **JSP**, ya visto anteriormente, existen una serie de lenguajes de guionado para servidores web que ofrecen multitud de posibilidades:

- **Perl** se trata de un lenguaje interpretado, que ha ido adquiriendo características de orientación a objetos con las sucesivas versiones, y que está especializado en el tratamiento de información y su presentación por pantalla.
- **PHP** es uno de los lenguajes de guionado para servidores web que más éxito tiene en la actualidad, destaca por ser muy potente e incluso ha trascendido el ámbito web siendo utilizado también como lenguaje de guionado para sistemas operativos y, cada vez más, como un lenguaje de propósito general para aplicaciones autocontenidas. PHP ha heredado de Perl y de C.
- **ASP** es una tecnología de lado de servidor para la generación dinámica de páginas web presentada por Microsoft. La versión 2. ASP.NET incluye muchas características interesantes, como la posibilidad de usar bibliotecas de clases (como JSP), y de emplear cualquiera de los lenguajes de la plataforma .NET.

4.3.4.1.7.3 Combinando tecnologías: AJAX

Una aplicación **AJAX** elimina la naturaleza "trabajar-esperar-trabajar-esperar" de la interacción en la Web, introduciendo un intermediario -un motor **AJAX**- entre el usuario y el servidor. En vez de cargar una página web, al inicio de la sesión el navegador carga al motor **AJAX**, que es el responsable del manejo visual de la interfaz que el usuario ve, y de comunicarse con el servidor en nombre del usuario. Un ejemplo sería google maps.

4.3.4.1.8 WAP

WAP es el estándar mundial de facto para proporcionar acceso a Internet y otros servicios avanzados de telefonía a los teléfonos móviles digitales, PDAs y otros terminales con capacidad de conexión por ondas.

4.3.4.2 Contenidos Web

4.3.4.2.1 Introducción

En nuestro rápido paso por la web, veamos los contenidos más relevantes de la misma.

4.3.4.2.2 Gestión de contenidos

Un sistema de gestión de contenidos es un conjunto de aplicaciones y herramientas que permiten la creación y administración de los contenidos de documentos tales como los ubicados en sitios web. Un ejemplo sería **moodle**

4.3.4.2.3 Portales

Un portal web es un sitio web que pretende constituirse en un punto de partida o pasarela a otros recursos de Internet y/o intranets. Los bloques con los que se construye un portal son habitualmente conocidos como portlets (de applets, servlets ...) cada uno de los cuales contiene una parte del contenido que sé publica para lo que usan lenguajes de marcado como **HTML** y/o **XML**.

4.3.4.2.4 Wikis

Un wiki es un entorno de hipertexto cooperativo diseñado para facilitar el acceso y modificación de la información ubicada en un servidor. Resulta especialmente útil para el trabajo en textos y documentos colectivos a los que se suele acceder a través de un navegador web. (Ej www.wikipedia.org)

4.3.4.2.5 Bitácoras web (blog).

Una bitácora web (o blog) es un sitio web que recopila, por orden cronológico inverso, texto y/o artículos de uno o varios autores.

4.3.5 Comunicación instantánea

4.3.5.1 IRC

IRC es un protocolo abierto que usa **TCP** y puede usar **SSL**. Trabaja en texto plano vinculando clientes con servidores **IRC**, o servidores **IRC** entre sí. Permite comunicación en grupo de forma muchos a muchos de forma de canales, de todos modos también permite conversación de uno a uno.

4.3.5.2 Mensajería instantánea

La mensajería instantánea se usa para la comunicación síncrona de textos escritos, voz e imagen entre dos o más personas sobre una red. Para ello se requiere de un cliente especial que se conecte a un servicio de mensajería. Alguno de los servicios más habituales de la mensajería instantánea son el aviso de conexión de los componentes de nuestra lista de contactos o los mensajes tipo contestador automático.

4.3.5.3 Voz sobre IP

Voz sobre **IP** (VoIP) es la técnica que permite encaminar conversaciones de voz sobre cualquier red que utilice **IP**.

Se trata de una tecnología emergente, cuya principal ventaja es el bajo coste, sobre todo en las conversaciones internacionales, y cuyas principales desventajas provienen de la ausencia de **QoS** en la **IPv4**.

4.3.6 P2P

Una red **P2P**, o de intercambio entre iguales, es aquella que se basa en la capacidad de procesamiento y el ancho de banda disponible en los ordenadores, y accesos a la red de los usuarios finales, en lugar de hacerlo en un conjunto mayor o menor de servidores centralizados. Estas redes suelen ser empleadas para la compartición de contenidos.

Algunos de los protocolos en los que se basan las redes **P2P** son:
- En **BitTorrent** los archivos se fraccionan en partes que son distribuidas por los nodos de la red en orden aleatorio. Cada igual intenta localizar las partes que le faltan y comparte con los demás las partes que el posee desde el momento en que las adquiere.
- **eDonkey** es el nombre del protocolo y red P2P más utilizados en la actualidad. Los programas cliente eDonkey se conectan con la red para compartir archivos mientras que los servidores sirven como intercomunicadores de los clientes.
- **Fasttrack** es un protocolo P2P usado por redes y clientes como Kazaa, incorpora 'el concepto de supernodos, que son iguales, con buena potencia de cómputo y buena conexión a Internet, que se convierten automáticamente en supernodos.

5 Conclusiones

La funcionalidad de las capas **OSI** de sesión y presentación es bastante reducida (sobre todo de sesión), es por ello por lo que en la pila **TCP/IP** no aparecen ninguna de las dos, estando incluidas dentro de la de aplicación.

La capa híbrida de aplicación se encargará por lo tanto de mantener la seguridad de los datos, así como la compresión de los mismos.

Esta capa dispone de innumerables aplicaciones y servicios, en este documento se han citado los más importantes.

Indice

TEMA

67

Redes de área local. Componentes, Topologías.
Estándares. Protocolos

1 Introducción

Las redes de área local han experimentado un fuerte auge en los últimos años, por lo que se han convertido en un campo de la informática en constante evolución, de manera que han surgido, y siguen surgiendo, diferentes componentes, estándares y protocolos.

El presente tema comienza definiendo el concepto de red de área local y los diferentes componentes que integran las mismas, mostrando a continuación una visión lo más amplia posible de las diferentes técnicas, estándares y protocolos empleados en este tipo de redes.

Este tema forma una parte importante del módulo Redes de área local, impartido (entre otros) en el primer curso del Ciclo Superior de Administración de Sistemas Informáticos.

2 Redes de área local

Una red de ordenadores es un conjunto de ordenadores y dispositivos interconectados entre sí, con la finalidad de compartir servicios que no podrían ser utilizados si usáramos ordenadores autónomos. Entre los recursos que se pueden compartir estarían datos, aplicaciones, periféricos, acceso a otras redes...

Se debe marcar la diferencia entre una red local y un sistema multiusuario, en este último caso un ordenador central soporta todo el peso de peticiones de los usuarios. En una red se dispone de la potencia de ordenadores monousuarios, por lo que la carga de procesamiento está repartida. Una red también presenta la ventaja de multiusuario, de forma que un servidor pueda compartir recursos que no hay en un ordenador de la red.

Como principales características de una red local, destacamos las siguientes:
- **Velocidad:** presentando velocidades de comunicación muy elevadas (se prevee que pronto se llegarán a los 100 Gb en Ethernet)
- **Fiabilidad:** alta fiabilidad y un bajo índice de errores.
- **Flexibilidad:** debido a la gran cantidad de estándares con los que podemos utilizar el que más se adapta a nuestras necesidades.
- **Coste:** muy bajo comparado con otro tipo de redes.

3 Componentes

Para una mejor comprensión dividiremos este punto en tres grupos: soporte de la transmisión, otros componentes hardware y por último veremos un rápido repaso a los componentes software.

3.1 Soporte de la transmisión

3.1.1 Cableado

3.1.1.1 Cables de pares

Basados en un par de hilos de metal conductor, constituyen un método de conexión económico y con una buena relación calidad/precio.

Se dividen en categorías en relación a su frecuencia aceptada y al número de pares de cables que puede contener. Además de las categorías se pueden distinguir por el tipo de apantallamiento, que consiste en proteger al sistema de cables mediante una malla de hilos de cobre o bien mediante un papel de aluminio, también podemos optar por no apantallar un cable, por ejemplo el de 4 pares trenzados sin apantallar se llama (UTP).

3.1.1.2 Cable coaxial

En su versión más simple consta de un alambre de un metal conductor, usualmente cobre, rodeado de un material aislante, que a su vez estará recubierto por un conductor cilíndrico que usualmente es una malla trenzada. El conjunto se envuelve por una capa de material dieléctrico protector.

3.1.1.3 Fibra óptica

En los últimos años ha aparecido la fibra óptica. Es un conductor de ondas en forma de filamento, generalmente de vidrio, aunque también puede ser de materiales plásticos. La fibra óptica es capaz de dirigir la luz a lo largo de su longitud usando la propiedad de reflexión. Normalmente la luz es emitida por un láser o LED.

Existen varios tipos de medio:
- **Multimodo:** Múltiples canales.
- **Monomodo:** Un único canal.

La fibra óptica presenta una serie de ventajas, razón por la cual se usa intensivamente en comunicaciones:
- Gran **ancho de banda**.

- **Pérdidas por atenuación muy pequeñas**.
- **Inmunidad** electromagnética.
- Constitución **ligera**: menor volumen, más ligeras y baratas que conductores metálicos de similar capacidad.

3.1.2 Soporte inalámbrico

Estos tipos de soportes son no limitados, siendo los más usuales de éstos:
- **Radio frecuencia**. Usan frecuencias dedicadas y se usan para interconectar redes distantes.
- **Infrarrojos**. Se usan para comunicación de datos a corta distancia, su comportamiento es similar al de la luz debido a su proximidad de onda. Cada día es más usada en redes locales.

3.1.3 Cableado estructurado

Denominamos cableado estructurado a un conjunto de técnicas de conexión que se desarrollan para interconectar los elementos de una LAN.

Viendo esa LAN como un edificio, el cableado estructurado se divide en los siguientes subsistemas:

- **Cableado troncal** (vertical).
- **Cableado horizontal** (planta).
- **Subsistema administrativo** (conecta vertical con el horizontal).
- **Subsistema de puesto de trabajo**.

En instalaciones multiedificio, puede aparecer el **sistema campus**.

3.2 Otros componentes hardware

Además de los soportes de transmisión, en una red local hay otros componentes, entre los que destacan:
- **Servidor**. Es el ordenador que ejecuta el sistema operativo de red, ofreciendo servicios y recursos compartidos.
- **Estaciones de trabajo**. Resto de ordenadores conectados a la red.
- **Hardware de interconexión** como repetidores, o incluso puentes y enrutadores.

3.3 Componentes software

Son los encargados de la gestión lógica de los servicios y recursos, entre ellos destacamos:
- **Gestión de usuarios y grupos**
- **Gestión de ficheros**
- **Servicios de correo**

4 Topología

La topología de una red es la configuración espacial en que se disponen sus líneas y nodos. Esta organización no suele ser casual y condiciona fuertemente el modo en que la información es transmitida e incluso las características generales de la red. Veamos las topologías más comunes:
- **Bus**. Presenta un único medio de transmisión, estando la lógica de acceso distribuida entre las estaciones cuyas conexiones son pasivas.

- **Anillo.** Es un bucle de conexiones punto a punto, cada estación se conecta dos veces con el medio. Las conexiones suelen ser activas y la lógica de acceso suele ser distribuida.
- **Estrella.** Hay una estación central que asume las tareas de conmutación. A esta estación se conectarán las restantes estaciones.
- **Árbol.** Mezcla entre estrella y bus
- **Mallada.** Se interconectan las estaciones, puede haber interconexión total.

5 Protocolos de acceso al medio

5.1 El problema del reparto del canal

En redes Ethernet, con un medio de comunicación compartido, el nivel de enlace se divide en la capa LLC y MAC. Debido a la gran importancia que tienen las redes Ethernet en la actualidad, revisaremos en este apartado los protocolos a nivel MAC.

5.2 Protocolos de acceso múltiple

5.2.1 Aloha simple y aloha ranurado

5.2.1.1 Aloha puro.

Las estaciones transmiten según tienen la información lista. Esto produce muchos errores, incluso pueden colisionar con una trama que está acabándose de enviar, con lo que implica que hay que volver a iniciar su transmisión.

5.2.1.2 Aloha ranurado.

Igual que el aloha puro, pero en este caso las estaciones empiezan a transmitir en un tiempo determinado, y hasta que se cumpla un intervalo no pueden volver a transmitir. De este modo las colisiones se realizarán al principio de la transmisión, y en ningún momento se podrá colisionar con una trama que se está terminando de transmitir.

5.2.2 Protocolos con detección de portadora

Hay un conjunto de protocolos denominados de acceso múltiple con detección de portadora, que antes de comunicar comprueban si el medio ya está ocupado. Esta simple operación permite hacer un uso más eficiente del canal, y alcanzar mayores niveles de ocupación.

5.2.2.1 CSMA Persistente.

Si una estación desea transmitir, primero escucha el estado del medio, si está ocupado espera a que quede libre, y según quede libre transmite. Si ocurre una colisión, espera un tiempo aleatorio y luego vuelve a empezar a mirar el medio.

5.2.2.2 CSMA no persistente.

Actúa de forma igual que el anterior, pero no espera a que se libre el medio, sinó que deja de controlar el medio durante un tiempo aleatorio.

5.2.2.3 CSMA/CD.

Actúa de forma idéntica que la anterior, pero es capaz de detectar que está ocurriendo una colisión, en ese caso, deja inmediatamente de transmitir.

5.2.2.4 CSMA/CA.

Es usado en redes WIFI, en caso de que el medio esté ocupado "pide turno" en un protocolo de mapa de bits, que consiste en "anotar" las estaciones que desean transmitir, posteriormente se les va dando turno para que envíen información

5.2.3 Protocolos sin colisiones

El problema que supone la existencia de un período de contienda se agrava con el incremento de la longitud de los cables y la disminución del tamaño de la trama. Este es el caso, por ejemplo de las redes de fibra óptica. Veamos ejemplos de protocolos sin colisiones:

5.2.3.1 Protocolo de Bit-Map

Las estaciones disponen de un intervalo en la que sólo ellas pueden transmitir. Ese intervalo lo utilizarán para marcar su petición de trasmisión. Una vez se han comprobado las estaciones que quieren trasmitir, se produce la transmisión en orden.

5.2.3.2 Protocolo de cuenta atrás binaria

El protocolo bitmap requiere reservar un intervalo de un BIT para cada ordenador. Con un número elevado de ordenadores esto se puede traducir en un coste de tiempo tan elevado que lo haga impracticable.

En el protocolo de cuenta atrás binaria cada uno de los N ordenadores de una red recibirá una dirección codificada en binario. Durante el período de contienda, cada estación que quiere mandar una trama transmite el BIT más alto de su dirección en el intervalo 0 el siguiente en el intervalo 1, etc. Cuando una estación capta un 1 en un intervalo en que el BIT que transmitió fue 0, abandona el intento de transmitir en este turno.

Para mantener la justicia del algoritmo se cambia la asignación de las direcciones.

5.2.3.3 Protocolos de paso de testigo

Este tipo de protocolos emplea una pequeña trama, conocida como testigo, que circula permanentemente por la red. Una estación que desee enviar una trama ha de capturar el testigo De este modo, cuando lo tenga en su poder podrá transmitir la trama con la seguridad de que ninguna otra estación va a enviar otra trama simultáneamente.

5.2.4 Protocolos para redes inalámbricas

5.2.4.1 Problemática de este tipo de redes

Las redes de área local inalámbricas se suelen componer de un conjunto de estaciones base unidas entre si por algún tipo de cable y una serie de estaciones móviles que se comunican por radio o infrarrojos con la estación base mas próxima. Este tipo de instalaciones suele estar dividido en zonas denominadas "células". Todos los equipos móviles situados dentro del área de influencia de una célula han de compartir el acceso al medio por lo que se deben establecer métodos que regulen dicho acceso.

Entre otros problemas se dan:
- Problema de la **estación oculta**: Se da cuando una estación, que no es capaz de detectar el tráfico existente entre otras dos estaciones, inicia una transmisión con

destino a alguna de las dos estaciones que en ese momento se encuentran en proceso de transmisión-recepción. El resultado es una colisión.

- Por **destino una estación diferente** a la que ella desea contactar; por lo que aguarda a que la tercera termine cuando en realidad podía haber transmitido antes.

- Problema de un **medio problemático** el elevado nivel de interferencias potencialmente existente, impide la utilización de técnicas como la detección de colisiones y hace necesarios esquemas de codificación altamente redundantes.

5.2.4.2 CSMA/CA

La base del protocolo de intercambio consiste en dos tipos de tramas una trama enviada desde el origen al destinatario y un reconocimiento (ACK), si no llega el ACK, entenderá que se ha producido una colisión e intentará la retransmisión.

Para solucionar los problemas de nodo oculto y el nodo expuesto el protocolo de intercambio MAC de IEEE 802.11, se añaden dos tramas adicionales: las denominadas solicitud de envío y la replica del destinatario. De modo que los nodos que escuchan cualquiera de las dos tramas suspenden la transmisión por un tiempo indicado en las mismas.

6 Estándares

6.1 IEEE

La mayoría de redes locales de las que existen son implementaciones comerciales exitosas han sido estandarizadas por el comité 802 del IEEE. El comité 802 se divide en grupos de trabajo, a los que se asigna una numeración consistente en añadir un dígito decimal al 802. El 802.1 trata los aspectos generales de la norma 802. El 802.2 se refiere a la subcapa de control de enlace lógico LLC, que constituye el subnivel superior común a las diferentes normas MAC. El resto de grupos de trabajo se fueron especializando en las diversas tecnologías de red local.

6.1.1 IEEE 802.3 y Ethernet

Ethernet es la capa de enlace más popular de la tecnología LAN usada actualmente, que fue desarrollada principalmente por la empresa XEROX. Ethernet es popular porque permite un buen equilibrio entre velocidad, costo y facilidad de instalación. Estos puntos fuertes, combinados con la amplia aceptación en el mercado y la habilidad de soportar virtualmente todos los protocolos de red populares, hacen a Ethernet la tecnología ideal para la red de la mayoría de usuarios de la informática actual.

El estándar original IEEE 802.3 que estuvo basado en la especificación Ethernet 1.0. Desde entonces un gran número de suplementos han sido publicados para tomar ventaja de los avances tecnológicos y poder utilizar distintos medios de transmisión, así como velocidades de transferencia más altas y controles de acceso a la red adicionales.

6.1.1.1 Evoluciones de Ethernet, Fast, Gigabit y 10 Gigabit Ethernet

Posteriormente apareció Fast Ethernet que incrementó la velocidad de 10 a 100 Mbit/s. Gigabit Ethernet fue la siguiente evolución, incrementando en este caso la velocidad hasta 1000 Mbit/s.

En 2002, IEEE ratificó una nueva evolución del estándar Ethernet, 10 Gigabit Ethernet, con un tasa de transferencia de 10.000 Mb/s, en este caso utilizando la fibra óptica como medio físico. Se prevé que pronto aparezca 100 Gb Ethernet.

6.1.1.2 Funcionamiento

6.1.1.2.1 Funciones de la capa MAC

Las tareas que asume la capa MAC en 802 .3 son las siguientes:
- **Aceptar o enviar** datos de/hacia el subnivel LLC y físico
- Calcular el **CRC** insertándolo en emisión y comprobándolo en la recepción.
- **Detener la transmisión** y generar una señal cuando se detecta una **colisión.**
- Tras una colisión, aplicar el **algoritmo de retroceso exponencial binario** y volver a intentar transmitir las tramas en espera.
- **Descartar** las tramas erróneas.
- **Atender** permanentemente al **canal** con el fin de detectar la inactividad con el fin de enviar las tramas
- **Recibir las tramas** cuya dirección de destino coincida con la propia.

El funcionamiento del nivel MAC difiere en función de que la red funcione con o sin colisiones.

6.1.1.2.2 Operatoria con colisiones

Ethernet utiliza CSMA/CD 1 persistente pero aplica un algoritmo especial cuando se producen colisiones conocido como algoritmo de retroceso exponencial binario. Cuando ocurre una colisión se genera una señal que induce a las estaciones a entrar en un proceso de espera aleatoria. Este algoritmo es autoadaptativo escogiendo valores de espera sucesivamente mayores cuando el numero de colisiones se incremente.

6.1.1.2.3 Operatoria sin colisiones (en redes conmutadas)

Una LAN conmutada puede consistir en una red en la que cada puerto esté dedicado a un único ordenador. De esta forma cada usuario puede disfrutar de la velocidad máxima y el tráfico que genere en comunicaciones uno a uno sólo será recibido por el equipo de destino.

El uso de redes conmutadas convierte las redes Ethernet en instalaciones de medio de transmisión no compartido en el que ya no es necesario el uso de un protocolo de acceso al medio del tipo de CSMA/CD.

6.1.2 IEEE 802.4

En las redes IEEE 802.3 una estación no podía saber de antemano cuando iba a poder transmitir. Esta característica suponía un hándicap bastante insalvable para las aplicaciones en tiempo real.

Con el fin de establecer, un estándar para redes específicamente utilizables en aplicaciones de tiempo real, aparece un nuevo estándar que unía las ventajas físicas de la topología en bus con un protocolo sin colisiones como es el **paso de testigo**. El resultado fue el estándar IEEE 802.4.

En éste, el testigo está constituido una trama de control que informa del permiso que tiene una estación para usar los recursos de la red. Ninguna estación puede transmitir mientras no recibe el testigo que la habilita para hacerlo.

6.1.3 IEEE 802.5

La topología anillo físico se suele implementar mediante un conjunto de unidades de concentración unidas entre si mediante líneas punto a punto que forman un anillo. A cada unidad de concentración se conectan varias estaciones según topología en estrella siendo el centro de la estrella la propia unidad de concentración.

La norma IEEE 802.5 propone una **red en anillo con paso de testigo**.

6.1.4 IEEE 802.11 (WIFI)

Una red de área local inalámbrica es una red en la que una serie de dispositivos se comunican entre si en zonas limitadas sin necesidad de tendido de cable entre ellos.

Los componentes de este tipo de redes son:
- **Terminales de usuario** (clientes) dotados de una tarjeta interfaz de red que incluye un transceptor de radio y la antena.
- **Puntos de Acceso:** permiten enviar la información hacia los clientes.
- **Controlador de puntos de acceso**: necesario para despliegues en caso de que se requieran varios puntos de acceso.

La arquitectura básica y servicios de las WLAN son definidos por el estándar original 802.11. Las especificaciones de los estándares posteriores afectan únicamente a la capa física, añadiendo velocidades mayores y una conectividad más robusta.

El estándar 802.11 se centra en los dos niveles inferiores del modelo OSI, estableciendo un fondo común para los niveles superiores.

El estándar define dos modos de operación:
- El **modo infraestructura**; cuando existe una parte tableada y otra inalámbrica. En este modo, la presencia de puntos de acceso es obligatoria.
- El **modo ad-hoc**: cuando toda la red es inalámbrica, no existiendo puntos de acceso sino sólo equipos móviles interconectados mediante la WLAN.

Las tres variantes de capa física originalmente definidas en el 802.11 incluyen dos en el espectro de radio y una especificación en la zona de infrarrojos. Para transmitir usa diversas técnicas, usando la mayoría una división de la banda en una serie de canales.
El estándar 802.11 utiliza el mismo LLC que el 802.2, pero el nivel MAC es diferente.

En las redes inalámbricas podemos diferenciar 3 tipos de tramas:
- **Tramas de gestión:** tramas para transmitir información de administración.
- **Tramas de datos:** usadas para transmitir datos.
- **Tramas de control:** tramas que se usan para controlar el acceso al medio.

6.1.5 IEEE 802.2 Y 802.1

La norma 802.1 define las primitivas de interfaz entre las capas IEEE 802 y la relación con las capas de nivel superior.

La norma IEEE 802.2 conocida como control de enlace lógico (LLC) define el protocolo común a todas las redes IEEE 802, que permite que los datos se transmitan con diferentes niveles de fiabilidad a través del enlace de comunicaciones, permitiendo el control de errores y el control de flujo.

LLC suministra los siguientes servicios:
- Servicio **orientado a la conexión**.
- Servicio **no orientado a la conexión** con acuse de recibo.
- Servicio sin acuse de recibo y no orientado a la conexión.

6.2 Estándares de la industria

6.2.1 Bluetooth

Bluetooth es un estándar de facto que describe como se pueden interconectar sin necesidad de cables dispositivos tales como teléfonos móviles, PDA's...

Los dispositivos Bluetooth poseen canales de datos y canales de voz. Cada dispositivo tiene una dirección única de 48 bits basado en el estándar IEEE 802.11 .

6.2.2 IrDA

La utilidad de los estándares IrDA es suministrar una base homogénea para el desarrollo de tecnologías de conectividad inalámbrica que se emplean en dispositivos que de este modo no necesitan utilizar cables para conectarse.

6.3 FDDI

FDDI es un estándar correspondiente a una red local con paso de testigo sobre topología anillo a una velocidad de 100 Mb/s sobre distancias de hasta 200 km. y que permite conectar un máximo de 1000 estaciones.

FDDI es una red adecuada para la transmisión de voz y datos que se puede usar en aplicaciones en tiempo real que requieren transmisiones sin retardos significativos y con una cadena de transmisión continua.

FDDI II es una extensión de FDDI, diseñada especialmente para aplicaciones de voz y de video, y compatible con los equipos e instalaciones multimedia. Incorpora conmutación de circuitos y las tramas no están limitadas a una longitud máxima.

7   Redes LAN ATM

A mediados de la década de los 80 se empieza a trabajar en una segunda generación de la RDSI conocida como RDSI, de Banda Ancha proponiendo la recomendación de utilizar la tecnología ATM.

Una célula ATM, está compuesta por una cabecera de 5 bytes y un campo de información de 48, de lo que resultan 53 bytes. De esta manera, al utilizar paquetes de longitud reducida y fija, se simplifica en gran medida el diseño de los conmutadores, se reduce el retardo de proceso y se disminuye su variabilidad, lo que resulta esencial para aquellos servicios sensibles a la cuestión temporal, como son los de voz o vídeo.

ATM combina la multiplexión y la conmutación de paquetes en un método universal de transferencia de datos. Soporta redes locales, voz y video. Las celdas (paquetes de ATM) son procesadas rápidamente debido a su pequeño tamaño que siempre es el mismo .Hay muy poco retardo en la comunicación de paquetes. Este es importante para las transferencias de voz y video que son sensibles al tiempo .El resultado de esta configuración es la posibilidad de dispones de voz y video que son sensibles al tiempo.

Las principales características de ATM son:
- Calidad de servicio (**QoS**).
- **Velocidad escalable** en función de la capacidad del nivel físico.

En cualquier caso ATM, aunque es ampliamente utilizado por las empresas de telecomunicaciones en sus enlaces de gran capacidad y distancia, sigue perdiendo la carrera por el mercado de las redes locales. Hace ya tiempo ATM parecía que iba a ser la clara vencedora tanto en LANs como en interconexión de redes, pero Gigabit-Ethernet, y más tarde 10Gigabit Ethernet aparecieron en escena y le plantaron cara en entornos LAN y MAN incorporando conceptos como calidad de servicio, control de flujo, dúplex, etc. Actualmente y con la aparición de MPLS parece que Ethernet sobre MPLS puede empezar a desbancar a ATM incluso fuera de redes locales.

8 Fibre channel

Fibre Channel es un estándar que se refiere a la interconexión de periféricos de almacenamiento externo con servidores y entre éstos, formando el conocido como tejido o trama del canal de fibra. FC, al permitir la conexión de ordenadores y dispositivos de almacenamiento directamente a la red, ha hecho posible el desarrollo de una nueva forma de instrumentar el almacenamiento masivo de datos a disposición de los servidores, conocida como SAN, en la que los discos o cintas ya no están asociados físicamente a un servidor concreto, pudiendo incluso estar separados por considerables distancias.

Indice

TEMA

68

Software de sistemas en red. Componentes, Funciones, Estructura.

1 Introducción. Encuadre

Una red está formada por un conjunto de equipos conectados mediante una serie de canales de comunicación, permitiendo esto que se puedan utilizar recursos de otros equipos, sea cual sea el tipo de red a la que pertenezcan. Sin embargo, este hardware no es suficiente para la comunicación, ya que necesita disponer de un software, en este caso software de red, que permita la utilización de dichos recursos.

En este tema se dividirá en tres bloques, en el primero estudiaremos los Sistemas Operativos de Red (NOS), dividiéndolos entre los que usan los servidores y los clientes. Al final del tema repasaremos las funciones que nos proporcionan los sistemas basados en la pila TCP/IP. Por último repasaremos algunas aplicaciones que se suelen utilizar para la gestión de la red.

Este tema pertenece a los temarios de asignaturas como "Instalación y mantenimiento de servicios de redes locales" del ciclo de grado medio de Explotación de Sistemas Informáticos (para el nuevo ciclo medio, Sistemas Microinformáticos y Redes, el módulo correspondiente sería Redes locales), o bien del módulo "Redes de área local" del ciclo de grado superior Administración de Sistemas Informáticos.

2 Sistemas operativos de Red

Los sistemas operativos han evolucionado significativamente con la evolución de las redes. En esta evolución ha provocado que el software de red añadido (software que permitía gestionar la red, y que anteriormente había que instalarlo sobre el sistema operativo) actualmente esté integrado en el propio sistema Operativo, de modo que hoy en día los sistemas operativos de red están perfectamente integrados en la explotación y gestión de las mismas.

Dependiendo de la funcionalidad de los sistemas operativos, los podremos dividir en dos categorías:

- **Equipos servidores** (usado en redes cliente-servidor)
- Sistemas operativos para **estaciones clientes** (se pueden usar en redes cliente-servidor o bien en redes peer-to-peer)

2.1 SO en Servidores

2.1.1 Concepto

Los servidores de una red cliente-servidor suelen estar dedicados, estos NOS suelen estar dotados de características adecuadas para gestionar una serie de recursos ofreciéndoselos a la comunidad de usuarios de una red.

2.1.2 Arquitectura de los NOS para servidores

En este apartado nos centramos en repasar los NOS de servidores más importantes.

2.1.2.1 Unix/Linux

Unix nace en los laboratorios Bell en 1969, sufriendo un proceso de transformación, y desembocando en lo que parece Linux. PONER MAS COSAS DE UNIX, POBRE ¡!

Linux se originó en la universidad de Helsinki, a partir de un trabajo inicial de Linux Torvalds, que implementaba una versión funcional de un sistema operativo denominado Minix. Ese sistema operativo funcionaba de un modo muy similar a Unix. Linux ha ido avanzando, y, actualmente se puede decir que hablar de Linux es casi hablar de Unix.

Un sistema operativo UNIX consta de dos componentes fundamentales:

- **El kernel:** Constituye el núcleo del sistema operativo, actuando como interfaz con el hardware. Este núcleo está compuesto por los siguientes subsistemas:
    - Gestión de archivos.
    - Gestión de entrada/salida
    - Gestión de memoria
    - Gestión de procesos
    - Servicios de sistema
    - Servicios de núcleo

- **El Shell** actúa como interfaz del sistema operativo con los usuarios para lo que implementa un intérprete de un lenguaje de comandos conocido como shell script.

2.1.2.2 Servidores Windows

El primer sistema operativo de servidor de Microsoft fue Windows NT, siendo sus características heredadas por sus sucesores: Windows 2000 y Windows 2003.

La pretensión de Microsoft era que el núcleo fuera pequeño y manejable, en el que estuvieran integrados los módulos que dieran respuestas a llamadas a sistema que necesiten modo privilegiado. El resto de llamadas al sistema serán desviadas a entidades externas, evitando así las tareas de recompilación del núcleo propias de UNIX.

2.1.2.2.1 Arquitectura

Los procesos responsables de atender llamadas al sistema se integran en distintos subsistemas, y como comentábamos en el punto anterior, están divididos en dos bloques:

Aquellas que se ejecutan en modo usuario:
- **Subsistemas de entorno.** Es en encargado de proporcionar un entorno con funciones de llamadas al sistema operativo (API's), de forma que ayuden a los programadores a realizar aplicaciones. En este subsistema nos encontramos:
    - **Win32:** Funciones propias de Windows.
    - **Posix** (llamadas genéricas Unix) – **OS/2:** Dan soporte a aplicaciones Posix y OS/2
- **Subsistemas integrales.** Se utilizan para realizar funciones propias del sistema operativo, entre las que se incluyen:
    - **Seguridad:** Encargado de gestionar sesiones de usuarios.
    - **Servidor:** Concentra todos los servicios de red.
    - **Estación de trabajo:** Permite el acceso a la red.

Las que se ejecutan en modo servidor
- Gestor de **entrada/salida** (comunicación entre distintos manejadores de dispositivos)
- Gestor de **comunicación inter-procesos** (de la misma o de distintas máquinas)
- Gestor de **memoria**
- Gestor de **procesos y subprocesos**
- Gestor de **plug and play**
- **Monitor de seguridad** (acceso indebido a distintos recursos)
- Gestor de **energía**
- Gestor de **ventanas** (controla la salida por pantalla, a diferencia de UNIX, aquí están integrados en el núcleo)
- Gestor de **objetos** (gestiona procesos , archivos, semáforos…)

2.1.2.3 Netware

Es un SO de servidor de 32 bits, actualmente no se usa debido a la gran fuerza con la que han entrado servidores de Linux y en especial de Windows.

En su versión 4.0 da un potente servicio de directorio, demostrando que es un sistema rápido y estable incluso sobre grandes redes. Presentaba un gran problema de administración ya que no era tan intuitiva como la que después lanzó Windows.

La principal tarea que realizaba era la de dar servicio de archivo a una comunidad de usuarios, aunque sus funciones podían ser cualquiera de las siguientes:
- Acceso multiusuario a archivos
- Seguridad
- Control de asignación de recursos
- Notificación de eventos

- Servicio de directorio Netware
- Servicio de impresión
- Gestión de la red.

2.1.3 Tipos de servidores

2.1.3.1 Servidores de archivos.

Un ordenador cuyos archivos pueden ser accedidos por los usuarios de una red se denomina servidor de archivos.

2.1.3.1.1 Organización del espacio de disco

2.1.3.1.1.1 Conceptos previos

Antes de poder compartir el espacio, es preciso que este se organice creando volúmenes o particiones y estableciendo sobre ellos sistemas de archivos.

Una partición es una subdivisión lógica de un espacio de almacenamiento sobre un disco, no debemos confundirla con un volumen, que aunque sea un espacio lógico de almacenamiento, éste puede ser de varios discos, por lo que en realidad el volumen puede agrupar varios dispositivos físicos, la partición sólo los divide.

Los SO modernos suelen admitir algunas de las formas RAID, que permite replicar la información utilizando varios discos duros del mismo tipo, bien implementándolo vía hardware

2.1.3.1.1.2 Unix/Linux

En el caso de UNIX/Linux, los discos son divididos en varias particiones siendo una división usual la siguiente:
- **/ (root):** partición dedicada a contener los programas y archivos del sistema operativo.
- **swap:** área de intercambio de la memoria virtual
- **/home:** para archivos y datos de usuarios.

Otras posibles particiones son las siguientes:
- **/boot:** para necesidades de almacenamiento durante el proceso de boot.
- **/usr:** binarios (ejecutables), bibliotecas compartidas, manuales, datos de aplicaciones e imágenes que utiliza el sistema.
- **/tmp:** archivos temporales que generan los programas.

En UNIX no todas las particiones llegan a convertirse en SA. Por ejemplo, la partición de intercambio (swap) no se convierte nunca en sistema de archivos. Por el contrario, la partición de root se convierte automáticamente en un SA al cargar el sistema, siendo la única que no es necesario montar explícitamente. El resto de particiones han de ser montadas para convertirse en SA. Montar un SA implica enlazarlo con otro ya disponible (normalmente root) a través de un directorio que actuará como punto de montaje.

Las diferentes distribuciones Linux/UNIX incorporan herramientas en modo texto y gráfico que permiten llevar a cabo cómodamente la mayoría de tareas relacionadas con la administración de discos y particiones.

2.1.3.1.1.3 Windows

En Windows los volúmenes no necesitan ser montados explícitamente para poder ser accedidos por los usuarios, pues continuando con la tradición de DOS se suelen montar automáticamente empleando para ello las letras de unidad (A,B,C ...) también denominadas volúmenes lógicos.

Al instalar el SO se indica en primer lugar cómo se desea particionar el espacio de disco duro disponible. Tras el particionado se procede al formateo, que actualmente se realiza casi en el 100% de los casos en NTFS, dejando el FAT32 para propósitos especiales, como por ejemplo para intercambiar archivos con Linux.

Windows emplea además una serie de directorios por defecto, como:
- **c:\windows.** Se instalan en el todos los programas necesarios para ejecutar el núcleo, y los servicios adicionales de red.
- **c:\Archivos de programa:** en el que se suelen instilar los programas de usuario.
- **c:\Documents and Settings:** en el que se suele guardar la configuración de documentos y de programas de los usuarios.
- **c:\recycler:** papelera a la que van los archivos borrados.

El sistema de archivos de servidor de Winddws soporta (según versiones) tres tipos de particiones:
- Sistema de ficheros FAT: es el sistema de ficheros que utilizaban MSDOS y Windows 3. Existen dos variantes : FAT 16 que podía ser usada en NT 4 y en W2000, y FAT 32 que sólo funciona a partir de W95.
- El sistema de ficheros HPF5: se trata del sistema propio de OS/2. Se podía usar con WNT pero no con W 2000 ni posteriores.
- El sistema de ficheros NTFS: soporta un buen número de características que permiten realizar una gestión de archivos más avanzada que con los sistemas anteriores. Es el único que se puede emplear en los Volúmenes Lógicos. Entre otras características están:
  - Atributos extendidos en los ficheros.
  - Posibilidad de alcanzar gran tamaño en ficheros y particiones.
  - Optimización general de todos los accesos a los ficheros y directorios.
  - Cifrado de archivos.
  - Tolerancia a fallos del sistema de ficheros..

2.1.3.2 Servidores de impresión

Un servidor de impresión es aquel ordenador o dispositivo autónomo en que se ejecuta el software de red que permite dar servicio de impresión a los usuarios de la misma. Es normal que los mismos servidores del SOR realicen la función de servidores de impresión. Ello no quiere decir que las impresoras hayan de conectarse directamente a los servidores, lo que supondría un notable estorbo para la correcta localización de la capacidad de impresión en aquellos lugares en que es necesaria. Lo normal es que la tarea misma de imprimir se efectúe en impresoras conectadas a estaciones de trabajo en las que corre lo que se suele denominar agente de Impresión Remota.

En SOR modernos, como Windows a partir de XP y 2000, cualquier estación de una red puede ejercer las funciones de servidor de impresión.

En la impresión en red las impresoras normalmente se comparten y se debe dar varios pasos:
- Almacenamiento.
- Procesamiento intermedio.
- Transmisión entre varias ubicaciones de procesamiento.

La vía de acceso más frecuente que los datos de impresión van a seguir durante este proceso son:
- La impresión de datos se genera y se transmite al servidor de impresión.
- Los datos se redireccionan a una cola de la red.
- Los datos se almacenan en la cola de impresión a la espera de una impresora adecuada disponible.
- Los datos se transmiten a la estación a la que se conecta la impresora.
- Los datos se transmiten a la impresora.
- La impresora da formato á los datos y completa la tarea de impresión.

Desde hace ya años son usuales los servidores autónomos de impresión, aparatos con capacidad para conexión a red, por un lado, y que se conectan a la impresora, por otro, y que hacen innecesario que la impresora se conecte a un ordenador. Son habituales, por ejemplo, los servidores de red Ethernet, que a razón de uno por impresora permiten compartir cualquier impresora que se conecte a la red local. Existen versiones inalámbricas que no necesitan conectarse a través de cable.

Según el SOR de que se trate, es posible que la administración de impresoras sea más o menos centralizada o distribuida. Por ejemplo, en Netware es posible que un servidor de impresión atienda más de una cola de impresión, que una cola se distribuya entre más de una impresora, que una impresora atienda más de una cola, y que una cola controlada por un servidor sea servida por una impresora conectada a una estación.

En Windows, sin embargo, cada impresora tiene su cola independiente, y aunque también es posible que un servidor de impresión atienda más de una cola, sólo podrá hacerlo con las colas de las impresoras conectadas directamente a él.

Tradicionalmente los servidores de impresión en UNIX/Linux han tenido una administración bastante más compleja y en la que era muy difícil, por no decir imposible, obtener los resultados que se conseguían en Windows o Netware. Sin embargo con la aparición de CUPS la administración de impresoras bajo sistemas operativos UNIX/Linux ha mejorado enormemente. Un servidor CUPS es un ordenador que puede recibir tareas de impresión de ordenadores clientes, procesarlas, y enviarlas a la impresora adecuada. CUP5 consta de una cola de impresión UNIX, un planificador, un sistema de filtro que convierte la salida impresa a un formato entendible por la impresora y un proceso de fondo que envía los datos. CUPS usa el protocolo de impresión de Internet y manejadores de impresora basados en la descripción de impresora postcript (PostScript Printer Descriptíon). CUPS tiene una interfaz de administración basado en web que corre habitualmente en el puerto 631.

Son tareas habituales de administración de impresoras las siguientes:
- Instalación, configuración y desinstalación de impresoras de red.
- Asignación de distintas clases de derechos de uso de las impresoras, a los usuarios.
- Control de las prestaciones obtenidas por el sistema.

2.1.3.3 Servidores de Internet

Un servidor de Internet es un conjunto de procesos que corren en una máquina conectada a la red a la que es posible acceder para obtener información usando un navegador web. Actualmente el software de servidor de Internet más conocido es Apache, que es software de código abierto (Open Source). También sé emplea mucho IIS (Internet Information Server), la versión de Microsoft.

En un principió los servidores se utilizaban para ofrecer un servicio al exterior, proporcionando información para que desde fuera de la organización se pudiese acceder a los datos sin necesidad de utilizar otros medios de comunicación. Con el tiempo, los navegadores web, descendientes del famoso Mosaic, han ido creciendo en eficacia y eficiencia. Así, la carrera que organizaron inicialmente Netscape y Microsoft, y que actualmente continúan Firefox de Mozilla y Internet Explorer, ha dotado a éstos de posibilidades que los han convertido en la interfaz estándar de acceso a sistemas informáticos para usuarios con fines generalistas.

La conclusión a la que, por el momento, han llegado las compañías, es que el mundo Internet no tiene por qué ser solamente exterior, sino que también se puede utilizar para la comunicación interna de la empresa, llegando así al concepto de Intranet. De este modo, además se puede utilizar Internet para comunicar centros distantes de la misma organización.

Dado que las páginas web suelen estar soportadas en multitud de pequeños ficheros y que los servidores web suelen tener muchos usuarios accediendo simultáneamente, es necesario que el hardware en que se instalan esté suficientemente dimensionado, sobre todo en lo que se refiere a las prestaciones de entrada/salida.

Para poder instalar un servidor web son requisitos previos indispensables:
- Soporte TCP/IP como protocolo de comunicación activo.
- Si se va a conectar con Internet es imprescindible obtener una dirección IP registrada y un nombre de dominio.

2.1.3.4 Servidores de FAX y SMS

Si una organización envía y recibe facsímiles en abundancia, se beneficiará ampliamente de la instalación de un servidor de facsímil en su red.

Existen dos clases de servidores de FAX, los basados en hardware y los basados en software. Sin embargo, en la actualidad se emplean mucho más los basados en software ejecutado sobre un ordenador, conectado por un lado a la red, y por otro a uno o más módems de fax.

Un elemento importante es la cuestión de enrutamiento de facsímiles entrantes. Se trata de definir si es interesante o no instalar un sistema que automáticamente envíe los documentos a sus destinatarios finales o, por el contrario, se opta por el, método clásico de recepción centralizada y reparto manual.

Conforme el servicio de correo electrónico ha ido madurando y adquiriendo más robustez y prestaciones, ha llegado a ser más habitual que los facsímiles se originen desde la aplicación e-mail o desde un programa unido a la plataforma del correo electrónico. Los facsímiles pueden ser entregados como documentos e-mail y, a su vez, un documento e-mail se puede recibir como un facsímil.

Otra posibilidad cada vez más empleada es el uso de pasarelas texto-SMS que permiten enviar mensajes de SMS desde los ordenadores conectados. Este servicio también lo suelen suministrar los servidores de fax.

2.1.3.5 Servidores de correo electrónico.

Un servidor de correo electrónico es un equipo informático especializado en la gestión de mensajes de una organización. Hoy en día, la gestión de mensajes se ha convertido en un componente crítico de la red, y eso por varios motivos:

- **Mejora la comunicación:** las aplicaciones de gestión de mensajes son algunas de las herramientas desarrolladas para cubrir las necesidades de comunicación modernas.
- **Incrementa la productividad**: El rendimiento mejora porque, a diferencia de otras formas de comunicación, la gestión de mensajes no requiere que aquellos que participan en la comunicación estén presentes en ese momento

Cuando se configura un servidor de correo para Internet o una Intranet, este servidor debería dar soporte a una serie de funciones. Las más importantes son:
- Soporte para el protocolo SMTP: SMTP es un protocolo que se encarga de enviar los mensajes de un servidor a otro.
- Soporte para estafetas de correos: Su misión es recibir el correo externo y distribuirlo entre los diferentes servidores de correos de la organización.
- Soporte para listas de alias: debe soportar sinónimos de un nombre de usuario.
- Soporte de listas de distribución: una lista de distribución es una lista de direcciones de correo a las que se reenviará todo el correo que se envíe a la lista.

Otras características son:
- Acuse de recibo y desvío de mensajes.
- Administración remota del servidor.
- AntiSpam; con spam se denomina al corre no deseado.
- IMAP: este protocolo está pesando para gestionar de forma remota el envío, recepción y almacenaje del correo ya que no descarga el correo en una máquina concreta del usuario.
- POP3: Permite acceder al correo, permitiendo leer mensajes, borrarlos, etc.

2.1.3.6 Servidores de aplicaciones

Un servidor de aplicaciones es un ordenador que ejecuta un programa que presta servicios a las estaciones de la red. La aplicación se instala y corre en el servidor y desde las estaciones se producen peticiones que son atendidas por el programa.

El término servidor de aplicaciones se podría aplicar a cualquier servidor de comunicaciones de facsímil o de impresión, ya que en estos casos también existe una parte cliente en la estación que solicita un servicio. No obstante, este calificativo suele reservarse para equipos que ejecutan otro tipo de aplicaciones, sobre todo, Sistemas de Gestión de Bases de Datos.

2.1.3.7 Servidores de acceso remoto (RAS).

La función de un servidor de comunicaciones es proveer acceso remoto a un sistema de red, o acceso desde la red a servicios exteriores utilizando para ello líneas telefónicas habituales. Éste tipo de instalaciones ha sufrido una fuerte disminución de crecimiento como consecuencia de la universalización de Internet. En efecto, hasta no hace mucho era bastante normal que un trabajador que desde su domicilio quisiese acceder a la red de su empresa, este lo hiciese mediante un servicio RAS. Para ello efectuaba una llamada a un número que estaba conectado a un servidor de este tipo. El servidor recibía la solicitud del llamante y lo ponía en contacto con el servidor de red local para llevar a cabo el acceso remoto combinando la validación de acceso a la LAN con las garantías propias del software de conexión. Hoy en día, el mismo trabajador se conectará en su domicilio a un proveedor de acceso a Internet, a partir de aquí podrá optar por:

- Cargar su navegador y proceder a introducir la URL de acceso a la Intranet de su Organización. Desde este momento, y utilizando software basado en web (XML, Java, etc.) podrá trabajar exactamente igual que si estuviera en uno de los puestos de red local de la sede de la Organización.
- Ejecutar software no de navegación pero preparado para comunicar vía Internet con la Intranet de la Organización. Por ejemplo, puede usar un programa de contabilidad que acceda al servidor de bases de datos utilizando la dirección IP del mismo. Para el programa, la única diferencia de funcionar así a hacerlo desde la Intranet es que los tiempos de acceso y la tasa de transferencia van a ser menos espectaculares.

Es evidente, que todas las tareas RAS se pueden suplir por un acceso desde Internet a la Intranet de la Organización (o viceversa). Es cierto que los problemas de seguridad que se plantean en este caso requieren de un evidente esfuerzo de prevención y control, pero no es mucho menos cierto que las ventajas en flexibilidad, eficacia y reducción de costes en comunicaciones hacen mucho más atractivo este esquema.

2.1.3.8 Servidores de Directorio

Un servicio de directorio es un conjunto de programas que almacenan y organizan información sobre los usuarios y los objetos compartidos en una red de ordenadores. En un sistema computacional distribuido hay muchos objetos que pueden interesar, tales como aplicaciones de todo tipo, impresoras, servidores de fax, bases de datos, usuarios, equipos de usuario, etc. Los usuarios finales utilizan dichos objetos en sus tareas diarias, por lo que es muy útil tenerlos clasificados, localizados y accesibles para su uso. Por su lado los administradores han de gestionar estos objetos, y tienen requerimientos de organización aún superiores a los de los usuarios. De este modo vemos que existen dos clases de usuarios perfectamente distinguibles, por un lado los administradores, que gracias al directorio ven enormemente facilitada sus tareas de administración de usuarios y elementos compartidos, y por otro los usuarios que emplean la capacidad de abstracción y representación del directorio para optimizar su uso de los recursos compartidos.

No se debe confundir servicio de directorio con el directorio en sí, que es la base de datos que mantiene toda la información sobre los objetos gestionados en el servicio de directorio. De este modo, el servicio de directorio actúa como el interfaz y el directorio como el soporte de este interfaz.

Los servicios de directorios han de estar optimizados para la búsqueda y encuentro de los múltiples atributos que pueden estar asociados con los diferentes objetos contenidos en el directorio. La información sobre estos objetos está almacenada utilizando un esquema extensible y modificable y se distribuye y replica entre los diferentes servidores de directorios de la red. Cada objeto de la red tendrá una dirección de acceso que es automáticamente recopilada y asociada al nombre que el objeto recibe en el árbol de directorio de forma que los usuarios no deben conocer la dirección física del recurso sino simplemente el nombre, o al menos parte del mismo, empleado para el recurso de red en el directorio. Cada recurso es considerado como un objeto en el servidor de directorio almacenándose información sobre el mismo en forma de atributos. Además, es posible establecer diferentes niveles de acceso para que esta información sólo esté disponible para los usuarios autorizados.

El Protocolo Ligero de Acceso a Directorios (LDAP), es un protocolo estándar de red diseñado para consultar y gestionar servicios de directorio.

Un servicio de directorio define el espacio de nombres de la red. Un espacio, de nombres está constituido por una serie de reglas bien construidas que determinan cómo se nombran e identifican los recursos de la red, de forma que estos nombres sean únicos y exentos de ambigüedad.

Alguno de los servidores de directorio más conocidos son:
- **eDirectory** de Netware.; Es uno de los más potentes de cuantos hay disponibles pero tiene en su contra que es un producto independiente. Originalmente se integraba en Netware, pero hoy en día se vende de forma separada y tiene versiones que pueden correr en servidores Netware, Linux, Solaris y Windows. Es seguramente el que mejor cumple estándares y en general el que más prestaciones y seguridad ofrece.
- **Red Hat / Fedora Core Directory** Server servicio de directorio aparecido originalmente en la distribución Linux Red Hat que posteriormente se ha migrado a Fedora Core. Cumple plenamente LDAP pero corre sólo sobre servidores Linux.
- **Active Directory** de Microsoft: se trata evidentemente de un producto que ha evolucionado a la par que las versiones y descendientes de Microsoft Windows 2000. Como todos los productos de Microsoft Active Directory es una versión muy particular de los servicios de directorio que no termina de cumplir los estándares al cien por cien pero que "se lleva el gato al agua" dada la enorme cuota de mercado que ocupan los sistemas operativos de Microsoft.
- **Tivoli Directory** Server de IBM: producto multiplataforma de IBM.

2.1.4 Emulando Windows desde sistemas tipo UNIX: Samba

Samba es una implementación del software de red de Microsoft construida siguiendo las normas del software libre GPL. Samba, funcionando sobre Unix, Linux, Solaris, FreeBSD e incluso Mac OS X Server, puede ofrecer a máquinas que corran estos sistemas operativos o Windows, servicios de archivo y de impresión e incluso integrarse en dominios Windows.

2.2 SOR en clientes

2.2.1 La relación entre SOR y SO de estación

A diferencia de los sistemas de terminales no inteligentes y mainframes, en una instalación en red, tanto la potencia de proceso como el esfuerzo de administración se encuentran distribuidos entre servidores y estaciones de trabajo.

Al tratarse de computadoras autónomas, en toda estación de red se ha de ejecutar un sistema operativo. Así, por ejemplo, eDirectory de Netware es capaz de reconocer en la misma red estaciones con sistemas clientes tales como:

- Unix / Linux
- Solaris
- Windows Desktop (NT Wks/2000 Prf/XP ...)

Evidentemente, en cada caso y dependiendo de las peculiaridades del entorno de la estación, la configuración será diferente.

No obstante, en toda estación de trabajo en red, existen una serie de elementos comunes, esto es así por la configuración que presenta siempre el software de una red (sistema operativo, redirector, etc.) y cuyo, detalle se estudia en los siguientes apartados.

2.2.2 Componentes de un SOR en una estación cliente y sus funciones

2.2.2.1 Concepto de estación cliente

Los ordenadores que utilizan los recursos de una red se denominan clientes. Un ordenador cliente utiliza los discos duros, las líneas de comunicación y las impresoras de un servidor como si fuesen parte de la propia estación de trabajo del usuario.

En los sistemas operativos de red actuales las estaciones de trabajo clientes pueden a menudo actuar también como servidores. Esto ocurre por ejemplo en estaciones Windows desktop (Nt, 2000 Prof, XP ...).

Los componentes que suele ser necesario configurar en una estación de red son:
- Cliente de red para cada sistema operativo.
- Protocolo de comunicación de red para cada lógica instalada.
- Manejador (driver) de la tarjeta de red local.
- Servicios suministrados por las distintas redes instaladas y API de acceso.

2.2.2.2 Cliente de red

El cliente de red es la parte del software de red que se ejecuta en la estación de red. Por esta ubicación en la estación, es necesario que el cliente funcione en perfecta sintonía con el sistema operativo de la misma. Asimismo, al estar destinado a conectar a la estación con la red, también debe "entenderse" bien con el SOR. Por ejemplo en el caso de estaciones ejecutando Windows XP, y según el tipo de redes al que se conecten, tenemos entre otros:

- Cliente Microsoft para redes Microsoft.
- Cliente Microsoft para redes Netware.

El componente fundamental de un cliente de red es el redirector, que se encarga de desviar al SOR aquellas peticiones de recursos que han de ser satisfechas por la red y no por la propia estación de trabajo. Además de esta función, el cliente también incluye otros componentes software, tales como soporte de login, ejecución de guiones de inicio, reconexión automática tras pérdida de enlace con el servidor, integración con las utilidades del sistema operativo anfitrión (por ejemplo con el Explorador de Windows) etc., necesarios para dotarlo de la funcionalidad adecuada.

La redirección mediante software en cada ordenador cliente hace que los recursos de la red aparezcan, ante los programas y las personas que los utilizan, como dispositivos del SO local. Ciertas peticiones de servicio del sistema local se redireccionan en la red a los servidores adecuados. Este comportamiento suele afectar principalmente a servicios de acceso a disco, salida a dispositivos de impresión de la red y servicios de comunicaciones. En el caso de la impresión, por ejemplo, las peticiones de acceso a un puerto local de una estación pueden ser capturadas y redireccionadas a una impresora compartida, con lo que se enviarán a través de la red, introduciéndose en una cola en el equipo que hace de servidor de impresión basta que baya una impresora lista para hacerse cargo del trabajo.

Los módulos del sistema operativo de las estaciones clientes incluyen el software del redirector y los elementos que transportan la salida del redirector en la red. El redirector modifica el sistema operativo anfitrión en las estaciones clientes de tal forma que ciertas peticiones hechas por las aplicaciones salen a la red a través del adaptador de red para ser servidas, en vez de ir a parar a unidades de disco locales o puertos de entrada/salida. El administrador de la re4 programa el redirector por medio de las utilidades adecuadas para encaminar las peticiones que corresponda a un recurso determinado de la red.

Antes de instalar uno u otro cliente, el equipo de instalación 4ebe analizar varios aspectos entre los que no es el menos importante el hecho 4e si se cubren las necesidades detectadas. Otros factores a considerar serían la sintonía con el SO anfitrión de la estación, el aprovechamiento de las posibilidades de la red, las prestaciones, la facilidad de instalación y administración, el soporte de protocolos de red adicionales, etc.

3 Software de gestión

3.1 Administración remota

Las herramientas de gestión remota hacen más fácil la identificación y resolución de los problemas de los usuarios sin necesidad de acudir físicamente al lugar de trabajo de éstos. Las principales tareas que se suelen efectuar vía son:
- Instalación y configuración de software en red o local.
- Configuración de la estación en los aspectos de prestaciones, seguridad, etc.
- Monitorización del funcionamiento de la red-
- Inspección del contenido de los discos de las estaciones locales.

Sistemas operativos actuales como Windows incorporan entre sus funciones habituales la posibilidad de administrar en forma remota estaciones conectadas a una Intranet o a Internet. A tal fin, Microsoft proporciona una serie de utilidades como la consola de administración de equipos, el editor del registro o la conexión a escritorio remoto.

En el mercado también existen una serie de herramientas de gestión de sistemas que permiten administrar/monitorizar una red en forma remota. Casi todas necesitan para su funcionamiento del protocolo SNMP (Simple Network Management Protocol). Algunas de estas herramientas son:

- Wnicenter Network an4 Systems Management 4e Computer Associated.
- OpenView Network Services Management de HP
- Tivoli NetView de IBM
- WebNM de Somix.

SNMP es un de los protocolos del grupo TCP/IP. Se usa para la vigilancia y solución de problemas con equipos de la red. SNMP trabaja gracias a una rutina software o hardware denominada agente SNMP y que se ha de ejecutar en cada periférico, equipo, etc., que se conecte a la red. Si el equipo se conecta en forma remota al agente SNMP entonces se dice que el agente es de tipo proxy. SNMP suministra mensajes de alerta que se envían desde los agentes a la base de datos central. Los agentes SNMP utilizan una pequeña base de datos, denominada la base de información de gestión (MIB), que consiste en una tabla de referencias a los equipos controlados.

3.1.1 Monitorización de actividades de red

Una red es un sistema complejo que suele constar de multitud de módulos de software cargándose, ejecutándose y descargándose simultáneamente componiendo un paisaje caótico sólo en apariencia. El equipo de administración está encargado de efectuar el seguimiento de estas actividades para detectar y corregir funcionamientos erróneos, cuellos de botella, etc. Resulta evidente la necesidad de contar con herramientas hardware y software adecuadas para efectuar esta monitorización.

Algunas de las posibles actividades de seguimiento son:
- Monitorización de conexiones de estación de trabajo a un servidor: este procedimiento se usa para advertir de manera anticipada de la desactivación de la conexión de una estación de trabajo. A tal fin se utilizan paquetes de datos especiales conocidos como "de perro guardián".
- Monitorización de un servidor de red: se trata de un conjunto de procedimientos encaminados a mejorar las prestaciones del servidor. Por ejemplo tenemos el cálculo dinámico de la memoria RAM requerida por el servidor; balanceo de la memoria entre necesidades de caché y necesidades de carga de programas, comprobación de los errores de disco, etc.
- Monitorización de las conexiones LAN; seguimiento de las conexiones de red en todo el sistema, observación de las prestaciones de las tarjetas de red, asignación de tipos de trama, etc.
- Seguimiento de los routers: la monitorización del rendimiento de los routers y de las conexiones es una tarea de gestión importante. Si un router o sus enlaces no están teniendo un rendimiento eficiente, pueden ocasionarse problemas a los usuarios o puede ser síntoma de que existe un problema de mayor envergadura en la red.

Aunque en la actualidad esta función la pueden llevar a cabo las mismas herramientas que se utilizan o pueden utilizar para administración remota, existen en el mercado herramientas específicas para el monitoreo de redes. Algunas de las más conocidas son:

- ManageEngine OpManager

- DirectoryAnalizer
- AdP-em NetCrunch

Indice

69

Integración de sistemas. Medios de interconexión. Estándares. Protocolos de acceso a redes de área extensa.

1 Introducción

En este capítulo se describe cómo extender una red utilizando repetidores, puentes, conmutadores, routers, adaptadores y otros dispositivos; así como métodos de interconexión de redes. Asimismo, se describen técnicas y protocolos de acceso a red de área extensa, o para conectar LANs a través de redes WAN como Internet. Precisamente, hoy en día la cuestión es bastante más simple, pues las redes de gran área como Internet usan TCP/IP sobre diversos soportes.

Este tema forma una parte importante del módulo Redes de área local, impartido (entre otros) en el primer curso del Ciclo Superior de Administración de Sistemas Informáticos.

2 Interconexión de redes

2.1 Concepto

En los próximos puntos del tema, veremos los distintos tipos de agentes de conexión. Este estudio está realizado empezando por agentes que trabajan en las capas más bajas del protocolo OSI, para poco a poco ir subiendo por la pila y viendo así los distintos conectores en relación con su nivel en la pila del modelo de referencia. Se debe tener en cuenta que cuanto más alto se encuentre un agente en la pila de protocolos, más complejo, potente y caro será.

2.2 Repetidores y hubs (capa física)

A medida que las señales eléctricas se transmiten por un cable, tienden a degenerar de forma proporcional a la longitud del cable. Este fenómeno se conoce como atenuación. Un repetidor es un dispositivo sencillo que se instala para amplificar la señal del cable, de forma que se pueda extender la longitud de la red.

Por los comentarios anteriores, podemos observar que un repetidor trabaja en el nivel físico de la jerarquía de protocolos, provocando por lo tanto un medio compartido para todos los medios de transmisión.

Los hubs cumplen todas las características de los repetidores, salvo con que por lo normal los repetidores poseen una única entrada y otra única salida. En el caso de los hubs además de una única entrada disponen de varias salidas.

2.3 Puentes y conmutadores (capa de enlace)

2.3.1 Características generales

Un puente añade un nivel de inteligencia a una conexión entre redes. Podemos ver un puente como un clasificador de correo que analiza las direcciones de los paquetes y los coloca en la red adecuada.

Los puentes trabajan en el nivel de enlace de datos, uniendo dos o más segmentos de red local. El encaminamiento efectuado consiste en la elección del puerto por el que se va a enviar la trama recibida, o simplemente la decisión de descartarla. El puente recibe y almacena completamente una trama antes de encaminarla, y ello por dos razones: porque no se deben de enviar tramas erróneas; y porque el acceso al medio puede no estar sincronizado en ambos lados del puente.

En una red "puenteada" las direcciones individuales de las estaciones siguen siendo únicas, no solamente dentro del segmento en el que están físicamente conectadas, sinó en toda la red. Cuando una estación en un segmento desea enviar una trama a una estación en otro segmento, la dirección de destino en la trama no es la dirección del puente sino la dirección individual de la estación destino.

2.3.2 Tipos de puentes

2.3.2.1 Puentes Transparentes

Un puente transparente inicia su funcionamiento de forma automática y se autoconfigura operando autónomamente sin necesidad de ninguna intervención del administrador de la red, para ello realiza tres funciones básicas:
- Retransmisión de tramas de una red a otra.
- Aprendizaje de direcciones.
- Resolución de posibles bucles en la topología.

Los puentes reciben y transmiten tramas en la red local, para saber cuando hay que transmitir por un puerto una trama que se ha recibido por el otro, se mantiene una base de datos de encaminamiento (fowarding), que se construye mediante el aprendizaje de las direcciones origen de las tramas que recibe (lógicamente para ello ha de trabajar en modo promiscuo).

Además de la información que los puentes obtienen de las direcciones de las tramas, existe otro tipo de información que se intercambia entre ellos. Esta información es la necesaria para evitar bucles en la red, y es producida bajo control de un algoritmo distribuido en cada puente que se denomina mínimum **spanning tree** (Si representamos una red mediante un grafo, un árbol de expansión mantiene la conectividad de dicho grafo incluyendo todos los nodos existentes, pero suprimiendo los posibles bucles).

2.3.2.2 Puentes de encaminamiento fuente (source routing)

El concepto **source routing** se aplica a cualquier tipo de red, aunque especialmente a redes locales de tipo Token Ring. La comunicación entre dos estaciones en dos lugares cualesquiera de la red "puenteada", requiere que exista una ruta, es decir, una secuencia ordenada de segmentos de red en los que la trama debe ser transmitida.

Las estaciones finales, pueden establecer los criterios a seguir para la elección de la ruta, lo cual generalmente se realiza mediante la utilización del concepto QoS.

2.3.3 Comparación entre puentes transparentes y puentes de encaminamiento fuente

Una vez estudiados los dos métodos de funcionamiento de los puentes, vamos a realizar una comparación entre ellos en términos de la funcionalidad que aporta cada uno.

2.3.3.1 Aprovechamiento del ancho de banda

Los **puentes transparentes** no siempre utilizan toda la topología física, sino solamente un subconjunto para evitar la formación de bucles. De esta forma puede ocurrir que no se utilice el camino más corto entre dos estaciones de diferentes segmentos.

El método **source routing** proporciona un mecanismo para encontrar todas las posibles rutas en la red entre un destino y un origen, aunque de este modo se generará mucho tráfico si hay muchos segmentos. Además en este método la condición de ruta óptima no tiene información del ancho de banda soportado por el segmento intermedio, información que si es tenida en cuenta en el algoritmo spanning tree. La modificación de la condición de ruta óptima, provocará la repetición del proceso de descubrimiento de rutas en **source routing**

2.3.3.2 Compatibilidad

El método **source routing** requiere que las estaciones finales participen en la elección y mantenimiento de las rutas, siendo posible que no sea compatible con algunos.

Otro problema que puede presentarse con source routing es la presencia de un campo de información de encaminamiento disminuye la capacidad útil del campo de información.

2.3.3.3 Redundancia

Los dos métodos estudiados proporcionan la capacidad de redundancia para conexión de dos segmentos. Los **puentes transparentes** la soportan de manera automática, descubriendo el fallo de una ruta y reconfigurándose. En el método **source routing**, la detección de una ruta en fallo depende de las estaciones finales. El fallo se corregirá cuando todas las estaciones afectadas lo detecten y calculen las nuevas rutas.

2.3.3.4 Configuración de Red

Como hemos visto, **los puentes transparentes** no requieren ninguna intervención manual de gestión durante la instalación de los puentes. En cambio, el método **source routing** requiere que se asignen de forma manual los números de segmentos.

2.3.4 Puentes de medio heterogéneo

Aquellos puentes qu.e interconéctan redes de área local de diferente tipo se denominan puentes de medio heterogéneo. Estos puentes han de resolver distintos problemas, como tamaño de trama y codificación diferente.

2.3.5 Conmutadores

Un conmutador es un tipo de puente especialmente diseñado para emplear topologías de estrella, además como puentes los conmutadores son capaces de identificar y trabajar con direcciones de nivel 2.

A diferencia de los hubs, los conmutadores individualizan cada una de las conexiones en las que intervienen, de forma que son capaces de transformar los medios que originalmente eran compartidos, como el Ethernet clásico CSMA/CD, en conexiones punto a punto exentas de colisiones.

2.4 Encaminadores (routers)

2.4.1 Generalidades

Los routers mantienen el tráfico fluyendo eficientemente sobre caminos predefinidos en una interconexión de redes complejas, tal como una red de tipo mallado.

La diferencia principal respecto al puente es que éste ignora los protocolos utilizados por encima de la subcapa MAC, mientras que el encamínador tiene que establecer comunicación con las estaciones finales para encaminar el tráfico, y, portante, las estaciones finales y el encamínador deben estar de acuerdo en los protocolos de comunicación a utilizar.

Un encaminador ofrece servicios más sofisticados que un puente. Por ejemplo, es capaz de seleccionar un camino entre varios posibles para enviar una trama basándose en varias métricas, como pueden ser el retardo de tránsito, la congestión de partes de la red, el número de encaminadores en la ruta, etc.

Los encaminadores suelen ser más lentos que los puentes por tener que realizar más proceso, lo cual puede afectar a la capacidad de la red, por lo que tradicionalmente estos equipos se han utilizado casi exclusivamente en conexiones a redes de área amplia. En la actualidad, dado el enorme incremento de prestaciones de equipos, los routers se utilizan también dentro de las intranet para la individualización física de redes lógicas.

2.4.2 Conmutadores de nivel 3

Un tipo de hardware a medio, camino de los puentes y de los routers, son los conmutadores de nivel 3. Estos son capaces de "entender" las direcciones de nivel 3 y tomar decisiones en consecuencia.

2.4.3 Funcionamiento de los routers

2.4.3.1 Responsabilidades de un router

Un router examina la información de encaminamiento de los paquetes y los dirige al segmento de red adecuado. En redes de difusión un router sólo procesa los paquetes que van dirigidos a él, lo que incluye a los paquetes enviados a otros routers con los que esté conectado. Los routers envían los paquetes por la "mejor" ruta hacia su destino; para ello mantienen tablas de redes locales y routers adyacentes en la red. Cuando un router recibe un paquete, consulta estas tablas para ver si puede enviar directamente el paquete a su destino, y si no es así, determina la posición de un router que pueda enviar el paquete a su destino.

Los routers permiten dividir una red en redes lógicas, siendo éstas más sencillas de manejar. Cada segmento de red tiene su propio número de red local, y cada estación de dicho segmento tiene su propia dirección. La segmentación de las redes incrementa la seguridad y disminuye el tráfico innecesario.

2.4.3.2 Selección del mejor camino

Generalmente, una red de redes se construye teniendo presente la tolerancia a fallos. Se crean varios caminos entre los routers para tener un camino de respaldo en el caso de que fallara uno o más. Los routers pueden enviar datos sobre el mejor de estos caminos, dependiendo de cual sea el menos costoso de usar, más rápido o más directo. A menudo, los caminos óptimos se determinan por el número de saltos que tiene que dar un paquete en la red de routers para llegar a su destino. El mejor camino también podría ser un camino que evite segmentos de red congestionados.

2.4.3.3 Tipos de protocolos de encaminamiento

Los protocolos de encaminamiento definen un método por el cual los routers pueden comunicarse entre sí, y compartir información sobre la red. Este método les permite generar su tabla de enrutamiento y ofrecer información sobre los routers desconectados, rutas alternativas e información de velocidad. Existen diversos métodos para obtener información de encaminamiento, que se describen a continuación:

- **Métodos de protocolos de vectores de distancia:** un router que utiliza un método de protocolo de vectores de distancia difunde periódicamente sus tablas de encaminamiento por toda la red (esto puede afectar sensiblemente el rendimiento en grandes redes). Los métodos de vectores de distancias encuentran la mejor ruta hacia un destino basándose en el número de routers a seguir hasta dicho destino (RIP, RIPv2, RIPng).
- **Métodos de protocolos de estado de enlaces:** para una gran red de redes, es más adecuado usar el método de protocolo de estado de enlaces, como OSPFv2. La información de las tablas de encaminamiento sólo se envía cuando hay un cambio en la información. Con los protocolos de estado de enlaces, se puede establecer el mejor camino creando varios caminos o especificando la ruta con la mejor velocidad, mayor capacidad o la mayor fiabilidad.

2.4.3.4 Protocolos de encaminamiento más difundidos

Los que siguen son algunos de los protocolos comerciales de encaminamiento más habituales:

2.4.3.4.1 Encaminamiento interno

El proceso de redirección de paquetes que se efectúa dentro de un sistema autónomo IP se denomina encaminamiento interior. Entre esos protocolos destacan:

- **RIP:** Protocolo de vectores distancia, resulta ineficaz para Internet aunque se puede usar en redes locales.
- **OSPF:** Protocolo de estado de enlace, habitualmente usado en Internet.

2.4.3.4.2 Encaminamiento externo

Se entiende por encaminamiento externo a aquel que permite a los enrutadores situados en diferentes sistemas autónomos de Internet intercambiar información. Los principales son:

- **EGP:** intercambia información entre los sistemas autónomos.
- **BGP:** es el protocolo de encaminamiento troncal estándar en Internet.

2.5 Convertidores de protocolos (GATEWAYS)

La función de un convertidor de protocolos es interpretar y traducir los datos de una red rA que viajan sobre una determinada pila de protocolos pA de/hacia otra red rB cuya información viaja sobre otra pila de protocolos pB. Otras de las diferencias a salvar pueden estar en el tamaño de los paquetes, los códigos de redundancia cíclica, la máxima vida de los paquetes...

Debido a la gran importancia que está tomando TCP/IP, y a la globalización de ésta en las redes, últimamente los convertidores de protocolos están cayendo en desuso.

2.6 Redes dorsales (BACKBONES)

Un enlace principal (Backbone) es un medio de conexión que une dos o más segmentos de red local, ofreciendo transmisión de datos de alta velocidad entre ellos. Los enlaces backbone suelen utilizar tecnologías y medios de alta velocidad, tales como cables de-fibra óptica.

Actualmente las enormes mejoras de la tecnología Ethernet han hecho a esta arquitectura candidata preferente para el establecimiento de backbones, al menos en distancias de hasta unas decenas de kilómetros.

3 Acceso a redes de área grande y media

3.1 La interconexión de LAN a través de WAN y MAN

Una red local (LAN) se puede expandir en una red de área metropolitana (MAN) o una red de gran alcance (WAN) utilizando conexiones remotas o cables troncales de fibra óptica.

Anteriormente el problema usual era que las redes locales utilizaban protocolos TCP/IP y las WAN no, lo que suponía una barrera. Así el uso de una WAN para interconectar LANs siempre ha producido una disminución en el rendimiento debida, por un lado, a la transformación de los datos de la red local al formato en que se podían transportar en las líneas de la WAN.

Seguidamente se estudiarán los principales métodos y estándares que se proponen para el acceso e interconexión de redes de área local a través de redes MAN y WAN, diferenciando sistemas de acceso, por un lado, y redes de trasporte empleada, por otro.

3.2 Redes y sistemas de acceso

3.2.1 Sistemas obicuos

Denominamos sistemas ubicuos de acceso a aquellos que están generalmente extendidos al menos en los países occidentales, y que son fácilmente contratables por cualquier pequeña o mediana empresa, o incluso por usuarios domésticos.

3.2.1.1 Red telefónica conmutada básica (RTC/RTB);

Consiste en usar la misma línea telefónica normal como soporte de la transmisión de datos pudiéndose alcanzar hasta los 56 Kbps en sentido red-usuario.

Posteriormente se realizaron ofertas de tarifas "planas" en las que abonando una cantidad fija mensual se dispone de acceso ilimitado.

3.2.1.2 Red digital de servicios integrados de banda estrecha (RDSI-BE)

La **RDSI** consiste en extender hasta el mismo bucle de abonado la red digital. Con la aparición de una red de alta velocidad denominada RDSI de banda ancha (también conocida como ATM ya que es éste el método de transferencia utilizado) se sintió la necesidad de añadirle un adjetivo a la antigua RDSI, por lo que se la denomina también RDSI de banda estrecha (RDSI-BE). Dado que la transmisión de la señal se hace de forma digital en todo el trayecto, en la RDSI el teléfono actúa de codec digitalizando la señal acústica. En el caso de conectar un ordenador a la línea no es necesario utilizar módem y se podrá transmitir datos a una velocidad de 64 Kbps.

Para poder llevar la señal digital por el bucle de abonado sin modificación, es preciso que la distancia a cubrir no sea superior a unos 5-6 Km; por este motivo la cobertura de RDSI en áreas rurales es deficiente.

3.2.1.3 ADSL, ADSL2 y ADSL2+

ADSL permite altas velocidades de tráfico de información a través del par de cobre trenzado telefónico, manteniendo intacto el canal de voz tradicional, aprovechando el ancho de banda no utilizado por el canal de voz. Tiene un canal de alta capacidad descendente, y un canal de una capacidad media de subida.

ADSL2 y ADSL2+ son unas tecnologías preparadas para ofrecer tasas de transferencia sensiblemente mayores que las proporcionadas por el ADSL convencional, haciendo uso de la misma infraestructura telefónica basada en cables de cobre. Así, con ADSL2 se consigue 12/2 Mbps y con ADSL2+ 24/2 Mbps. Además de la mejora del ancho de banda, este estándar contempla una serie de implementaciones que mejoran la supervisión de la conexión y la calidad de servicio (QoS) de los servicios demandados a través de la línea.

.

3.2.1.4 VDSL

VDSL es una tecnología xDSL que proporciona una transmisión de datos hasta un límite teórico de 52 Mbit/s de bajada y 12 Mbit/s de subida sobre una simple línea de par trenzado. Actualmente, el estándar VDSL utiliza hasta cuatro bandas de frecuencia diferentes, dos para la subida y dos para la bajada. VDSL es capaz de soportar aplicaciones que requieren un alto ancho de banda como televisión de alta definición.

3.2.1.5 Cable módem y HFC

Otro ejemplo de modulación digital sobre línea analógica es el cable-modem. Se trata de utilizar el mismo cable empleado en la distribución de señal de televisión de pago para la transferencia de datos informáticos. En el domicilio del abonado se separa la señal de vídeo por un lado, y la de datos informáticos, por otro.

Las redes HFC (Hybrid fibber coaxial), son redes de acceso cableadas terrestres, basados as sistemas híbridos que combinan fibra óptica y cable coaxial. La fibra es usada para el transporte de los contenidos y el coaxial para el cableado de acometida hasta los usuarios finales. Este tipo de redes poseen una configuración basada en anillos de fibra óptica y redes activas de coaxial.

3.2.1.6 GSM, GPRS y UMTS

Debido al carácter móvil de los ordenadores y otros dispositivos, los usuarios demandan medios de conexión también móviles. En entre éstos podemos destacar los siguientes:

- **GSM y HSCSD:** una posibilidad que ha sido habitual hasta comienzos del siglo XXI, es utilizar el sistema de telefonía inalámbrica digital GSM, que permite la transmisión de datos a 9600 bps de forma simultánea a la transmisión de voz. Una versión avanzada es HSCSD que permite acceder a servicios de datos sobre GSM a velocidades 2 y 4 veces superiores.

- **GPRS:** GPRS utiliza la tecnología de conmutación de paquetes a través de una red basada en IP utilizando canales GSM no ocupados para la transferencia de datos. A diferencia de uso de módems GSM, en los que la facturación suele ser por tiémpo de conexión, en GPRS el precio se suele cargar por volumen de datos transmitido. GPRS puede alcanzar una transferencia total real de bajada de 64 Kbps.

- **UMTS:** Teóricamente, UMTS soporta actualmente velocidades de transmisión de datos de hasta 2Mbit/s, utilizando de forma nativa el protocolo IP. A diferencia de GMS, que emplea una mezcla de multiplexión en frecuencia y tiempo. Sin embargo, frente a GPRS tiene la desventaja de que requiere de una nueva red, con nuevas instalaciones, fuertes inversiones, etc.

3.2.1.7 Bucle local inalámbrico: WLAN, LMDS y WiMAX

Wi-Fi es un nombre por el que se conoce de forma genérica a la norma IEEE 802.11x que regula las redes locales inalámbricas WLAN. Las redes inalámbricas facilitan la operación en lugares donde los ordenadores no puede permanecerán un solo lugar. Actualmente su uso se ha generalizado, tanto para interconectar LANs como para medio de transmisión dentro de éstas.

LMDS es una tecnología de acceso inalámbrica de "banda ancha" nacida con el objeto de abaratar el despliegue de red en el bucle de abonado, respecto a otras tecnologías, que usa microondas de altas frecuencias para transmitir información. Estas altas frecuencias le permiten soportan servicios como TV, telefonía, acceso a Internet...

Wimax es un acrónimo de una marca de certificación que pretende crear enlaces microondas de forma que se pueda transmitir voz y vídeo bajo demanda. Servirá para conseguir enlaces de banda ancha alla donde el cableado no llega o no cumple las exigencias.

3.2.1.8 Acceso satelital

El desarrollo tecnológico de los satélites ha hecho posible el acceso directo de los usuarios al satélite, siendo posible realizar una comunicación símplex en la que los datos sólo se transmiten de la red al usuario a través del satélite. Para el camino de vuelta se utiliza la red telefónica.

3.2.2 Sistemas especiales

3.2.2.1 Líneas dedicadas alquiladas

Una línea dedicada es una vía de comunicaciones dedicada a una aplicación específica, actualmente los operadores de comunicacines garantizan la disponibilidad permanente de un ancho de banda determinado junto con otros parámetros de calidad.

3.3 Redes de transporte y protocolos

3.3.1 X.25

Hasta los años 90 X.25 fue el estándar en redes públicas de paquetes en Europa. Hoy X.25 es un dinosaurio pero todavía se utiliza en bastantes ámbitos (por ejemplo, su uso es generalizado en el sector bancario y financiero en España).

La ITU-T, preocupada por la posibilidad de que desarrollos de sistemas de red pública de datos en los distintos Estados, fuesen incompatibles entre sí, propuso una norma internacional para protocolos de acceso a redes de comunicaciones para los niveles 1, 2 y 3; a lo que se conoció con el nombre de X.25.

3.3.2 FRAME RELAY

Frame Relay es una técnica simplificada de conmutación de paquetes para el transporte de información de datos. Confía en la utilización de medios digitales, de cierta velocidad y con una baja tasa de error, lo que hace que parte de las funciones de control de flujo y corrección de errores propias de otros protocolos puedan eliminarse de la red, encargándose los equipos terminales de las mismas.

Una red Frame Relay está formada por nodos y terminales. El terminal (DTE) envía tramas a la red, cada una conteniendo un código de identificación que indica el destino de la misma; todos los nodos en el camino hacia el destino final -previamente establecido en el proceso de llamada- contienen información indicando el canal específico por el que dicha trama debe enviarse, encaminando hacia su destino las tramas enviadas por el DTE al leer el código de identificación de cada trama recibida. Este tipo de conexión se conoce como enlace virtual permanente.

3.3.3 RDSI-BA /ATM Y MPLS

3.3.3.1 RDSI-BA (RDSI de banda ancha)/ ATM

A mediados de la década de los 80 se empieza a trabajar en una segunda generación de la RDSI conocida como RDSI, de Banda Ancha proponiendo la recomendación de utilizar la tecnología ATM.

Una célula ATM, como compuesto por una cabecera de 5 bytes y un campo de información de 48, de lo que resultan 53 bytes. De esta manera, al utilizar paquetes de longitud reducida y fija, se simplifica en gran medida el diseño de los conmutadores, se reduce el retardo de proceso y se disminuye su variabilidad, lo que resulta esencial para aquellos servicios sensibles a la cuestión temporal, como son los de voz o vídeo.

ATM combina la multiplexión y la conmutación de paquetes en un método universal de transferencia de datos. Soporta redes locales, voz y video. Las celdas (paquetes de ATM) son procesadas rápidamente debido a su pequeño tamaño, provocando poco retardo en la comunicación de paquetes. El resultado de esta configuración es la posibilidad de dispones de voz y video que son sensibles al tiempo.

Las principales características de ATM son:
- Calidad de servicio (QoS).
- Velocidad escalable en función de la capacidad del nivel físico.

En cualquier caso ATM, aunque es ampliamente utilizado por las empresas de telecomunicaciones en sus enlaces de gran capacidad y distancia, y va a tener mucho que decir en el desarrollo de las redes metropolitanas inalámbricas, sigue perdiendo la carrera por el mercado de las redes locales. Hace ya tiempo ATM parecía que iba a ser la clara vencedora tanto en LANs como en interconexión de redes, pero Gigabit-Ethernet, y más tarde 10Gigabit Ethernet aparecieron en escena y le plantaron cara en entornos LAN y MAN incorporando conceptos como calidad de servicio, control de flujo, dúplex, etc. Luego llegó MPLS.

3.3.3.2 MPLS

MPLS es un protocolo que emplea una filosofía de integración entre conmutación de circuitos y paquetes pero que está diseñado atendiendo mejor al actual estado de la técnica que ATM por lo que presenta ventajas evidentes sobre éste.

MPLS es un mecanismo de transporte de datos capaz de emular el funcionamiento de las redes de conmutación de circuitos, como ATM, sobre redes de conmutación de paquetes. Es un protocolo ubicado entre los niveles OSI 2 y 3 que permite enviar muchas clases de tráfico, parte del hecho de que con velocidades de 10 Gb/s, incluso tramas de 1.500 bytes, como las de Ethernet, sufren un retraso de transmisión insignificante, por lo que se hace innecesario el uso de las pequeñas celdas ATM, con lo que se evita el esfuerzo y tiempo necesarios para el proceso de fragmentación y reensamblado.

3.4 La seguridad en la interconexión LAN a través de WAN

3.4.1 Encapsulado, túneles y VPN

Sería interesante el poder enviar un paquete de un protocolo determinado mediante una red que soporta otro tipo de protocolos, en eso es el **túneling**, es decir, incluir un paquete de un protocolo, dentro del de datos de otro protocolo.

3.4.2 Seguridad. Cortafuegos.

La interconexión de redes puede plantear los siguientes motivos de seguridad:
- Acceso desde fuera a información confidencial de la red local
- Acceso de la red local a lugares no permitidos

Para ello se utilizan los **firewall** que funcionan como un control de aduanas impidiendo el paso a paquetes no permitidos

3.4.3 NAT y Proxies

Cuando se utilizan redes privadas y si existe la posibilidad de salir a Internet, necesitaremos un servidor NAT de forma que traduzca nuestras direcciones IP privadas a direcciones válidas en Internet.

Los servidores de NAT pueden ser de tres tipos:
- **NAT estático:** asocia una dirección IP privada a una dirección IP pública disponible.
- **NAT dinámico:** asocia una dirección IP privada a una dirección IP pública dentro de un rango de direcciones.
- **Sobrecarga**: Asocia a IP privada un puerto dentro la conexión de la dirección IP pública.

De esta forma, además de poder conectarnos a la web, supone una medida de protección de los ordenadores de nuestra red local.

Otra forma de conexión sería mediante proxys, que actúan como unos servidores intermediaros enmascarando las peticiones de la red local en Internet.

Indice

TEMA

70

Diseño de sistemas en red Local

1 Diseño de redes.

1.1 Introducción.

Actualmente no se entiende ningún sistema informático compuesto por varios ordenadores, de modo que no estén interconectados entre sí o a una red de área mundial.

Lógicamente en una organización sería muy complicado el trabajo de compartición de archivos, impresoras, servicios… en el caso de que los ordenadores no estuvieran interconectados.

En este tema enfocaremos al diseño de una red de un tamaño considerable, revisando todas las posibles configuraciones y opciones.

Este tema forma una parte importante del módulo Redes de área local, impartido (entre otros) en el primer curso del Ciclo Superior de Administración de Sistemas Informáticos.

1.2 El proceso del diseño.

Como en cualquier diseño de proyectos de unas dimensiones considerables, hemos de tener en cuenta una serie de objetivos que respondan entre otras a estas preguntas:

- ¿Cuántos usuarios utilizarán la red a la vez? ¿Qué tipos de usuarios van a mantenerla?.

- ¿Qué tipos de aplicaciones se van a ejecutar en la red? ¿Cuales son las partes críticas de estas aplicaciones?.
- ¿Qué nivel de seguridad se aplica? ¿Cómo lograr esa seguridad?.

Para poder responder a esas preguntas, ha de recopilarse información en la empresa mediante toma de estadísticas, cálculo del crecimiento de puestos informáticos esperados ..., así como los distintos criterios de calidad de servicio, disponibilidad y fiabilidad.

Una vez realizados estos pasos queda la elección de la configuración del sistema, del tipo de servicios, sistema de conexión.. Todos estos puntos los veremos a continuación.

2 Instalación del hardware e infraestructura de soporte.

2.1 Selección de topología, cableado, MAC.

2.1.1 Topología y medio de transmisión.

2.1.1.1 Topología.

La topología de una red es la configuración espacial en que se disponen sus líneas y nodos. Esta organización no suele ser casual y condiciona fuertemente el modo en que la información es transmitida e incluso las características generales de la red. Veamos las topologías más comunes:

- **Bus.** Presenta un único medio de transmisión, estando la lógica de acceso distribuida entre las estaciones cuyas conexiones son pasivas.
- **Anillo.** Es un bucle de conexiones punto a punto, cada estación se conecta dos veces con el medio. Las conexiones suelen ser activas y la lógica de acceso suele ser distribuida.
- **Estrella.** Hay una estación central que asume las tareas de conmutación. A esta estación se conectarán las restantes estaciones.
- **Árbol.** Mezcla entre estrella y bus
- **Mallada.** Se interconectan las estaciones, puede haber interconexión total.

2.1.1.2 Tipos de soportes.

Podemos clasificar los principales medios físicos más utilizados en una LAN:

2.1.1.2.1 Medios limitados

2.1.1.2.1.1 Cables de pares

Basados en un par de hilos de metal conductor, constituyen un método de conexión económico y con una buena relación calidad/precio.

Se dividen en categorías en relación a su frecuencia aceptada y al número de pares de cables que puede contener. Además de las categorías se pueden distinguir por el tipo de apantallamiento, que consiste en proteger al sistema de cables mediante una malla de hilos de cobre o bien mediante un papel de aluminio, también podemos optar por no apantallar un cable, por ejemplo el de 4 pares trenzados sin apantallar se llama (UTP).

2.1.1.2.1.2 Cable coaxial

En su versión más simple consta de un alambre de un metal conductor, usualmente cobre, rodeado de un material aislante, que a su vez estará recubierto por un conductor cilíndrico que usualmente es una malla trenzada. El conjunto se envuelve por una capa de material dieléctrico protector.

2.1.1.2.1.3 Fibra óptica

En los últimos años ha aparecido la fibra óptica. Es un conductor de ondas en forma de filamento, generalmente de vidrio, aunque también puede ser de materiales plásticos. La fibra óptica es capaz de dirigir la luz a lo largo de su longitud usando la propiedad de reflexión. Normalmente la luz es emitida por un láser o LED.

2.1.1.2.2 Soporte inalámbrico.

Estos tipos de soportes son no limitados, siendo los más usuales de éstos:
- o **Radio frecuencia.** Usan frecuencias dedicadas y se usan para interconectar redes distantes.
- o **Infrarrojos.** Se usan para comunicación de datos a corta distancia, su comportamiento es similar al de la luz debido a su proximidad de onda. Cada día es más usada en redes locales.

2.1.1.3 Cableado Estructurado.

Denominamos cableado estructurado a un conjunto de técnicas de conexión que se desarrollan para interconectar los elementos de una LAN.

Viendo esa LAN como un edificio, el cableado estructurado se divide en los siguientes subsistemas:

- **Cableado troncal** (vertical).
- **Cableado horizontal** (planta).
- **Subsistema administrativo** (conecta vertical con el horizontal).
- **Subsistema de puesto de trabajo**.

En instalaciones multiedificio, puede aparecer el **sistema campus**.

Veamos unas recomendaciones para la instalación de la red en los distintos subsistemas:

- **Cableado horizontal**.

El cableado horizontal es normalmente RJ45, a la hora de realizar este cableado hay que tener en cuenta el número de puestos posibles en la planta, así como su colocación.

Es importante definir la ubicación del distribuidor de planta, que posteriormete servirá para conectar con el cableado vertical.

- **Cableado vertical**.

Se ha de definir los servicios que serán soportados por la red, de esta forma nos será más fácil concretar que tipo de conector se utilizará.

Para redes de reducidas dimensiones se puede utilizar un cable UTP, para unas instalaciones grandes es recomendable usar fibra óptica.

2.1.2 Protocolo de Acceso al Medio.

En redes de area local por lo normal se trabaja sobre un medio de comunicación compartido, dividiéndose el nivel de enlace se divide en la capa LLC y MAC. En la capa MAC se realiza el control del acceso al medio, para permitir que las estaciones transmitan sin que sus mensajes colisionen.

En las redes conmutadas no existe este problema ya que el conmutador switch trabaja a nivel 2 (con direcciones MAC) o nivel 3 (sobre direcciones de red), convirtiendo de este modo el medio compartido, en múltiples conexiones punto a punto.

2.1.2.1 Aloha simple y aloha ranurado

2.1.2.1.1 Aloha puro.

Las estaciones transmiten según tienen la información lista. Esto produce muchos errores, incluso pueden colisionar con una trama que está acabándose de enviar, con lo que implica que hay que volver a iniciar su transmisión.

2.1.2.1.2 Aloha ranurado.

Igual que el aloha puro, pero en este caso las estaciones empiezan a transmitir en un tiempo determinado, y hasta que se cumpla un intervalo no pueden volver a transmitir. De este modo las colisiones se realizarán al principio de la transmisión, y en ningún momento se podrá colisionar con una trama que se está terminando de transmitir.

2.1.2.2 Protocolos con detección de portadora

Hay un conjunto de protocolos denominados de acceso múltiple con detección de portadora, que antes de comunicar comprueban si el medio ya está ocupado. Esta simple operación permite hacer un uso más eficiente del canal, y alcanzar mayores niveles de ocupación.

2.1.2.2.1 CSMA Persistente.

Si una estación desea transmitir, primero escucha el estado del medio, si está ocupado espera a que quede libre, y según quede libre transmite. Si ocurre una colisión, espera un tiempo aleatorio y luego vuelve a empezar a mirar el medio.

2.1.2.2.2 CSMA no persistente.

Actúa de forma igual que el anterior, pero no espera a que se libre el medio, sinó que deja de controlar el medio durante un tiempo aleatorio.

2.1.2.2.3 CSMA/CD.

Actúa de forma idéntica que la anterior, pero es capaz de detectar que está ocurriendo una colisión, en ese caso, deja inmediatamente de transmitir.

2.1.2.2.4 CSMA/CA.

Es usado en redes WIFI, en caso de que el medio esté ocupado "pide turno" en un protocolo de mapa de bits, que consiste en "anotar" las estaciones que desean transmitir, posteriormente se les va dando turno para que envíen información.

2.1.3 Arquitectura de red

Una arquitectura de red es la combinación de cableado, topología y protocolo de acceso al medio. Actualmente impera el protocolo 802.3 (Ethernet) que permite unas altas velocidades de transmisión y una alta calidad de servicio (se prevee que en breve se instaure la 100 Gb Ethernet).

Otras arquitecturas como Token Ring que hace unos años estaba de actualidad, actualmente ya apenas se utiliza.

Hace años parecía que ATM, mediante una novedosa técnica denominada LAN ATM, se iba a imponer a Ethernet en las LAN.

ATM se utiliza en redes MAN y WAN, ofreciendo un cierto grado de QoS. De todos modos, al aparecer Gigabit Ethernet (y posteriormente 10 Gb) se ha frenado la instauración de LAN ATM. Actualmente parece que la idea LAN ATM ha perdido fuerza.

La que si que está ganando posiciones son las redes inalámbricas, que, pese a su dificultad de medio de transmisión así como de seguridad, poco a poco se utilizan más en hogares y en empresas.

2.2 El servidor

2.2.1 Tipos de servidores

En este punto veremos los posibles servidores hardware, podemos distinguir tres tipos de servidores dependiendo de sus características:
- **Servidores básicos:** Son equipos personales de gama alta, y resultan apropiados sobre redes pequeñas.
- **Sistemas avanzados:** Estos sistemas tienen características que incrementan el rendimiento, preservando la tolerancia a fallos y un nivel multiproceso de gama baja.
- **Superservidores.** Es varias veces superior a los servidores anteriores, poseen buses de alto rendimiento, a este bus se le conectan baterías multirendimiento.

2.2.2 El Procesador

Nos puede parecer que el procesador del servidor es el corazón de la red. Si, en parte es verdad, pero de todos modos no sólo afecta el procesador, sino toda la circuitería que le acompaña, como los buses y chips que controlan desde la placa base al procesador. Es por eso por lo que se dice que lo importante no es el procesador aislado, sino el conjunto.

Unas características aconsejables para el procesador serían:
- Uso de tecnología avanzada.
- Diseño, tamaño y organización de las cachés que acompañan al micropocesador.
- Posibilidad de pipelining, permitiendo ejecutar así varias instrucciones en paralelo.
- Tipo de instrucciones empleado (CISC o RISC).
- Capacidad de funcionar en paralelo con otros procesadores.

2.2.3 Buses del sistema

A la hora de escoger un ordenador para utilizarlo como servidor de una red hay que conocer el tipo de buses que incluye ya que parámetros como anchura, frecuencia de reloj, capacidad de transferencia... pueden ser vitales para el buen funcionamiento de nuestro servidor, debido a que el bus puede formar fácilmente un cuello de botella y minimizar el rendimiento del servidor.

2.2.4 Memoria principal

Se debe elegir el tipo y la cantidad de memoria que se va a utilizar. Estos equipos consumen mucha memoria debido a que realiza tareas tales como:

- Ejecución de las aplicaciones **de servicio de red**.
- En caso de servidores de archivos, **ejecución del SGBD.**
- En caso de un **gestor de aplicaciones** el gasto es aún superior, debido a que necesitará tantas aplicaciones como usuarios estén conectados.

Sistemas operativos de servidor cuentan con herramientas que permiten vigilar y gestionar el consumo de memoria, controlando parámetros como memoria disponible, memoria comprometida... Además presentan herramientas que permiten manejar el posible problema surgido.

2.2.5 Entrada salida.

2.2.5.1 Sistema de disco

Con motivo de seguridad, sería recomendable construir un sistema RAID sobre el disco de nuestro Servidor.

2.2.5.1.1 RAID.

La idea básica de RAID es la de combinar varias unidades de disco baratas en un grupo de discos de forma que trabajen de forma conjunta. Obteniendo así rendimientos superiores a los de un disco mucho más costoso.

Los sistemas RAID se pueden clasificar en los siguientes modelos:

- **RAID 0:** Los datos son distribuidos en varias unidades. No hay redundancia de datos.
- **RAID 1:** Los datos son distribuidos en varias unidades. Cada unidad dispone de una de respaldo realizando una redundancia de datos.
- **RAID 2:** Ofrece distribución de datos a nivel de bit, usando un código de corrección de errores (HAMMING).
- **RAID 3:** Los datos se distribuyen a nivel de byte en todas las unidades excepto una. En esa una se guardará el resultado de operaciones de paridad. Ofrece un buen rendimiento a nivel de lectura, pero un malo a nivel de escritura debido a la actualización del disco de paridad.
- **RAID 4:** Igual que el 3, pero en este caso los datos se distribuyen a nivel de byte.
- **RAID 5:** Los datos y la paridad se distribuyen por toda la batería de discos. Ofrece un buen rendimiento a nivel de lectura y escritura.
- **RAID 6:** Es igual que 5 pero utiliza un cálculo de doble paridad.
- **RAID 7:** Es una especificación propietaria, que aumenta los niveles de seguridad.

Los niveles RAID se pueden combinar, de forma que podamos tener un RAID 01...

Se puede emular un sistema RAID mediante software, aunque en realidad lo más normal es utilizar herramientas hardware.

El RAID hardware se puede conseguir de dos modos:
- Sistema RAID **externo** a la computadora
- Sistema RAID gestionado por una **controladora** insertada en el bus del ordenador.

2.2.5.2 Tarjeta de interfaz de red

Actualmente casi cualquier tarjeta de red ofrece rendimientos muy superiores a los que el ordenador puede necesitar. Eso implica que aunque siendo el medio por el que el servidor se conecte con el resto de elementos de la red, no supondrá un gran desembolso.

2.3 Estaciones de trabajo

En este apartado citamos los comentarios en cuanto a software, ya que en cuanto a hardware se pueden aplicar parte de los consejos aplicados al servidor (dependiendo en una mayor o menor medida el gasto que queramos hacer en las estaciones de trabajo).

Para instalar las estaciones de trabajo, y si todas van a tener los mismos recursos, lo más recomendable es hacer una instalación en un ordenador, con todas las configuraciones comprobadas. Posteriormente se volcará por red esa instalación en el resto de ordenadores.

Si vamos a realizar un dominio, posteriormente debemos meter uno a uno a los ordenadores en el dominio (ha de ser tras clonarlos, ya que sinó todos tendrían la misma dirección y el mismo nombre).

2.4 Infraestructura de soporte

Aunque no nos vamos a centrar mucho en este tema, hay que tener muy en cuenta la instalación de las salas en las que se encuentren los elementos informáticos.

Muy especial será la sala de los servidores, en la que sería interesante que hubiera espacio para poder controlar el servidor desde todas partes. Sin duda conceptos como climatización, alumbrado e instalación de tarima flotante sería muy ventajoso para poder administrar bien los sistemas informáticos.

3 Gestión del encaminamiento

3.1 Tipos de encaminadores

Los encaminadores pueden ser tanto un software que se instala en el ordenador (o incluso ni eso, simplemente arrancando desde un disquete como BERING), o mediante elementos Hardware.

Los últimos sistemas operativos, tanto Linux como Windows ya permiten el implementar un examinador con las herramientas del sistema operativo.

3.2 Encaminamiento en TCP

3.2.1 Direcciones IP

Cada host y router tienen una dirección **IP** única, asignadas por el **NIC** estas direcciones de **4 bytes** se dividen en dos partes

- **Parte de red**
- **Parte de host.**

Estas direcciones de dividen en 5 clases:

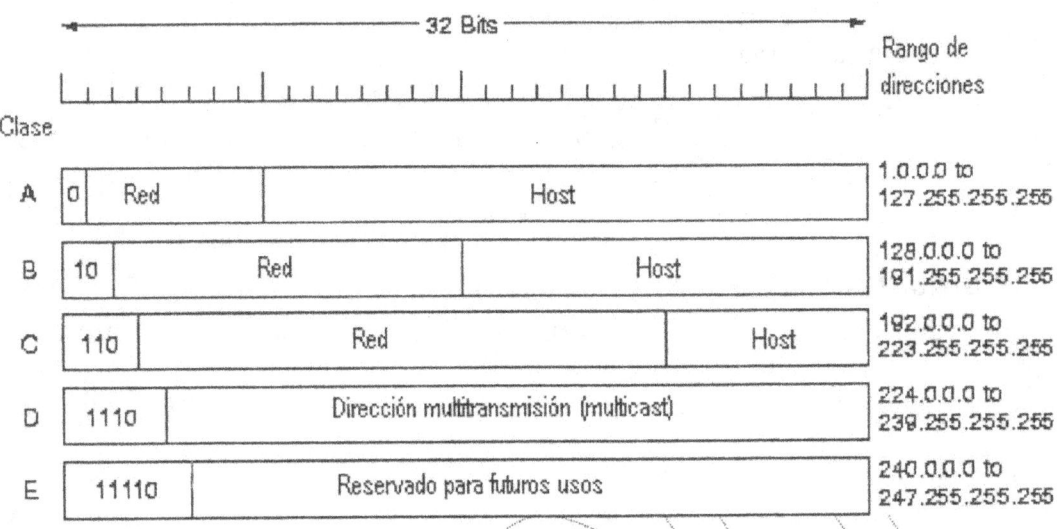

Al crear nuestra LAN, hemos de decidir si queremos una o varias redes redes LAN, además del número de equipos de cada una de ellas.

Tras realizar esos cálculos consultaremos que tipo de red nos es conveniente. Ya que como vemos en el gráfico, con una red de tipo C sólo podremos tener 254 pc's.

Debemos también tener en cuenta los convenios de numeración, que nos dirán los tipos, así como las configuraciones de IP's recomendadas para nuestros equipos:
- Las direcciones normalmente se escriben en notación decimal, separaos por puntos. La dirección 255.255.255.255 se utiliza para indicar broadcast.
- La 0.0.0.0 indica el host actual.
- Si se pone el campo de host a 0 se indica la red actual, si son los de la red a 0 se identifica el host. Esto implica que hay dos direcciones "inútiles en la red"
- Las 127.x.y.z se usan para loopback
- Pas 10.0.0.0, las 172.16.0.0 a 172.31.0.0 y las 192.168.0.0 a 192.168.255.0 están reservadas para redes privadas.

3.2.2 Subredes

Una red Internet puede dividirse en varias redes más pequeñas mediante el uso de máscaras de subred. Este aislamiento produce un mejor nivel de seguridad.

Como hemos visto, cuando una red se distribuye en varias subredes, la porción de host se divide en dos partes, dirección de subred y dirección de host.

Veamos un ejemplo práctico de configuración de subredes:

Imaginemos que hemos escogido una red tipo C para implementar la red de administración de nuestro edificio.

Por ejemplo hemos escogido la red **192.168.1.0**, con una máscara de /24 (255.255.255.0)

Eso indicará que a lo sumo podremos tener 255 pc's (en realidad 252, ya que el host 0 es el de dirección de red, el 255 el de broadcast, y el 1 la puerta de enlace) en nuestra red, ya que quedan sólo 8 bits para direccionar el host en la red.

Los ordenadores de nuestra red tendrán una ip como la siguiente:
192.168.1.23
Con una máscara
255.255.255.0

¿Qué pasaría si queremos introducir en la red 340 pc´s?
La solución pasaría por cambiar a una red tipo B o A, pero otro tipo de solución es utilizar una **subred de longitud variable**, en la que sólo se cambien los bits de la máscara:
255.255.128.0

3.2.3 Superredes

Para paliar el problema de la escasez de direcciones de Internet, está el de asignar un conjunto de redes de clase C donde antes se asignaba una clase B. Esto provoca un incremento en las tablas de encaminamiento, una por cada clase C asignada, cuando antes hubiera bastado una para toda la clase C.
Para solucionar esto se adopto el CIDR que son dos medidas complementarias.
- Se establece una jerarquía de asignación de direcciones (rangos por continentes, luego a países y luego a proveedores de servicio de Internet).
- Otorgando a cada organización un conjunto contiguo de redes de clase C.

3.2.4 Acceso a Internet desde redes privadas. NAT

Cuando se utilizan redes privadas y si existe la posibilidad de salir a Internet, necesitaremos un servidor NAT de forma que traduzca nuestras direcciones IP privadas a direcciones válidas en Internet.

Los servidores de NAT pueden ser de tres tipos:
- **NAT estático:** asocia una dirección IP privada a una dirección IP pública disponible.
- **NAT dinámico:** asocia una dirección IP privada a una dirección IP pública dentro de un rango de direcciones.
- **Sobrecarga**: Asocia a IP privada un puerto dentro la conexión de la dirección IP pública.

De esta forma, además de poder conectarnos a la web, supone una medida de protección de los ordenadores de nuestra red local.

Otra forma de conexión sería mediante proxys, que actúan como unos servidores intermediaros enmascarando las peticiones de la red local en Internet.

3.2.5 Ipv6

Ante el posible agotamiento de direcciones **IP**, y tras haber realizado parches como las subredes y las superredes, se está optando por realizar una nueva versión **IPv6**, que afecta a otros dos protocolos **RIPv6** y **OSPFv6**.

Sus características son las siguientes:
- Las direcciones son de 16 bytes.
- Se simplifica la cabecera.
- Se incrementa la seguridad y se establecen más niveles de seguridad.

3.3 Encaminamiento Interior IP

El proceso de redirección de paquetes que se efectúa dentro de un sistema autónomo IP se denomina encaminamiento interior. Este sistema autónomo será por ejemplo una red local o un conjunto de redes interconectadas de una organización.

Un encaminador típico está conectado a varias redes, y puede hacer dos tipos de encaminamiento:
- **Encaminamiento estático:** Los administradores de red se encargan de actualizar las tablas de encaminamiento para los routers.
- **Encaminamiento dinámico:** Sería imposible el realizar el mantenimiento de las tablas en caso de redes cambiantes y medianamente grandes. Es por ello por lo que algunos encaminadotes implementan protocolos de encaminamiento como RIP y OSPF.

3.3.1 Protocolos de encaminamiento.

Los principales protocolos de encaminamiento son RIP y OSPF.

3.3.1.1 RIP

- Se apoya en el algoritmo de vector distancia
- Métrica: número de saltos entre emisor y receptor
- Características:
    - encaminamiento estable (sin bucles)
    - rápida respuesta a los cambios de topología en la red
    - bajo uso del ancho de banda disponible
    - reparto del tráfico entre rutas paralelas cuando la red lo demanda
    - capacidad de manejar distintas clases de servicio
    - registro de tasa de error y de disponibilidad de red

3.3.1.2 OSPF

- Protocolo alternativo a RIP basado en el algoritmo de estado del enlace
- RIP envía su tabla de rutas entera: en una red amplia el tráfico es abundante, la red se ralentiza y se consume mucho ancho de banda
- OSPF mantiene una descripción de sus enlaces con las redes y periódicamente envía mensajes de actualización a los nodos que conoce. Genera tráfico escaso ya que la información es mínima y raramente cambia.
- Características:
    - encaminamiento en función del tipo de servicio
    - balanceo de carga: establece varias rutas con el mismo coste, RIP sólo una.
    - soporta áreas: subconjuntos de redes que funcionan de forma autónoma
    - autenticación de información que fluye entre los nodos
    - encaminamiento específico
    - soporta intercambio de información con protocolos ERP
    - protocolo dinámico
    - 5 tipos de mensajes: Hello, Descripción de la base de datos, Solicitud de estado de enlace, Actualización de estado de enlace, Acuse de recibo de estado de enlace.

3.4 Redes privadas vituales.

Las VPN permiten que los datos de una organización viajen de manera segura a través de una red pública.

Dos de los tipos de redes virtuales más destacables son:
- **Entre enrutadores.** Da la sensación de que las redes locales de las sucursales de una empresa están directamente conectadas. En realidad crea un túnel que atraviesa la red pública, y que une los dos routers que marcan la frontera de las redes locales.

- **De un ordenador a un router.** Permite a un usuario conectarse a una red LAN remota siendo transparente hacia el que está atravesando una red pública.

Los dos protocolos más importantes de tuneling son:
- **PPTP**
  Es una tecnología propietaria de Microsoft, permite crear un vínculo virtual que puede atravesar redes públicas y privadas.

  Incluye autenticación mediante una versión de CHAP, además del cifrado de tramas.

- L2TP

  Es un descendiente de PPTP, actúa como un protocolo a nivel de enlace para encapsular, creando un túnel virtual, el tráfico de datos entre dos puntos remotos utilizando como medio de conexión una red existente, usualmente Internet.

  No suministra autenticación o cifrado, para ello se suele utilizar **ipSec**, obligatorio en IPV6 y optativo en IPV4.

  Los dos extremos son denominados:
  - o **LAC:** Servidor que aguarda la creación de nuevos túneles.
  - o **LNS:** Iniciador de túnel.

  L2TP añade nuevas funcionalidades a PPTP, trabajando con redes X.25, Frame Relay y ATM.

3.5 DNS

Los usuarios de la red preferirán trabajar con nombres frente a direcciones IP, lo que se resuelve con nombres de dominio. De esta forma el usuario memorizará el nombre de dominio www.27400.com en lugar de la dirección IP del ordenador 125.32.154.123.

Un servidor de DNS es una computadora que almacena relaciones entre los nombres de dominio y sus direcciones IP.

3.6 Hardware Adicional de conexión/encaminamiento.

3.6.1 Hubs

Disponen de un cierto número de puertos en los que se conectan estaciones de trabajo y servidores. Compartiendo el medio de comunicación todos los equipos instalados.

3.6.2 Conmutadores.

Al contrario de un Hub, un conmutador efectúa conexiones punto a punto entre origen y destino. Hay conmutadores que trabajan a nivel 2 (por medio de direcciones MAC), e incluso a nivel 3 (IP). Pudiendo en este último nivel dividir de forma lógica sus conectores en varias redes.

4 Generación de un dominio. W2003

4.1 Servidor.

Como último paso, y para completar nuestra red, podemos instalar en el servidor un servidor de dominio. Aunque no forma parte de este tema, veremos de forma breve los posibles pasos a realizar:

- Instalación del Sistema operativo de servidor (en este caso W2003).
- Instalar el Active Directory y configuración del nombre DNS.
- Creación de los usuarios y de las carpetas donde se almacenarán sus perfiles.
- Instalación y configuración del servidor de DNS.

- Gestionar en Active Directory los usuarios, grupos, equipos e impresoras.
- Activar y refinar las directivas de seguridad.

4.2 Estaciones de trabajo.

Ya hemos visto el modo más recomendable de instalar el software en las estaciones de trabajo.

En este caso, y para unirlas al dominio, simplemente hemos de ponerle un nombre identificativo y ponerlo en el dominio que se ha creado en el servidor.

Para que esto funcione hemos de poner como servidor de DNS al servidor del dominio.

Indice

72

La seguridad en sistemas en Red

1 Introducción

Partiendo del echo de que cualquier sistema informático es vulnerable, debemos intentar ofrecer la mejor protección posible a nuestra red. De esta forma, pondremos todas las barreras que tengamos a nuestro alcance para, al menos, dificultar la tarea.

En el presente tema presentamos las distintas técnicas y herramientas que se utilizan para mantener los máximos niveles de seguridad en una red. Para ello revisaremos las técnicas de seguridad de cifrado de la información más utilizadas, la seguridad en los servicios de Internet, presentando algunos consejos para tener nuestros servicios mucho más seguros. Se comentará la problemática de la conexión entre una red local y la red de redes, y por último, atenderemos a la seguridad de acceso de usuarios a dominios y la seguridad física de datos mediante el uso de sistemas de red.

2 Técnicas de seguridad relacionadas con el cifrado de la información.

2.1 Criptología, criptografía y criptoanálisis

2.1.1 Concepto

La criptología se divide en dos ciencias:

- **Criptografía:** es la ciencia cuyo objetivo es conseguir que un mensaje sea sólo comprensible para sus legítimos destinatarios e ininteligible para cualquier extraño.
- **El criptoanálisis** es la ciencia cuyo objetivo es quebrantar el cifrado obtenido con la criptografía.

2.1.2 Mecanismos de actuación

El mecanismo básico es el denominado criptosistema, que se compone de dos fases:
- **El cifrado.** Conversión del texto en claro a texto cifrado usando una clave
- **El descifrado**. Proceso inverso.

Un criptosistema está definido por los siguientes elementos:
- Mensajes sin cifrar (P)
- Posibles mensajes cifrados o criptograma (C).
- Conjunto de claves. (k)
- El conjunto de transformaciones de cifrado (M)
- El conjunto de transformaciones de descifrado (D).

Para todo criptosistema se ha de cumplir:

Dk(Ek(P))=P

Los algoritmos de cifrado se pueden descomponer en dos tipos:
- Con clave secreta
- Con clave pública

2.1.3 Cifrado con clave secreta

La criptografía simétrica usa la misma clave para cifrar que para descifrar, la seguridad se basa en el secreto de esa clave.

El gran problema que presentan es a la hora de enviar la clave para que el cliente pueda descodificar el mensaje.

Un algoritmo importante es **DES** que se basa en permutaciones, sustituciones y operaciones XOR. Tiene la peculiaridad de ser reversible aplicando la clave de cifrado y las operaciones en orden inverso.

El algoritmo de ataque más práctico contra **DES** es la fuerza bruta, y posteriormente buscando resultados coherentes.

2.1.4 Cifrado con clave pública

Surge en respuesta a los problemas que tiene el cifrado con clave secreta, sobre todo a la hora de distribuir la clave.

En este tipo de cifrado, las claves pública y privada son distintas y han de cumplir los siguientes requisitos:
- Ser **difícil deducir** la clave de descifrado a partir de la de cifrado.
- Estar **relacionadas matemáticamente** de forma que los datos codificados por una de las dos sólo pueden ser descodificados por la otra.

Cada usuario tiene dos claves, la pública y la privada, pudiéndose utilizar los algoritmos de dos formas:
- **Servicio de confidencialidad.** Cuando un usuario A quiere enviar información a otro usuario B, utiliza la clave pública de B, asegurando el servicio de confidencialidad ya que sólo el usuario B sabe descodificar el mensaje.

- **Servicio de autenticación.** Para poderse autentificar un usuario B, éste codifica un mensaje con su clave privada, de forma que el receptor puede verificar si en realidad es B descodificando el mensaje con la clave pública.

Uno de los algoritmos más utilizados es **RSA**, que utiliza las propiedades de los números primos para la gestión de sus claves.

2.1.5 Distribución de claves

Como hemos visto el punto débil de seguridades la gestión de las claves, gestión que será diferente dependiendo del tipo de algoritmo que se use:
- **Claves simétricas:**
  - **Distribución simétrica.** Si se usan sesiones y ya que hay que modificar las claves, podemos realizar el envío de la clave en la sesión anterior. Otro tipo de envío de claves es enviarlas por otro canal (en mano).
  - **Distribución asimétrica.** Se usa un sistema de comunicación asimétrica para comunicar la clave, luego se usa un sistema simétrico. Se realiza así por el costo que requiere una comunicación con clave asimétrica.
- **Claves asimétricas:** Cada interlocutor ha de tener dos claves, el problema viene mediante un ataque de intermediario.

Imaginemos que A quiere mandarle un mensaje a B, pero C interrumpe la conexión y suplanta a B ante A y a A ante B.

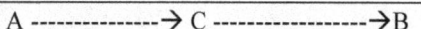

A --------------→ C -----------------→B

De esta forma ni A ni B se darían cuenta de que la conversación está siendo intervenida.
Para ello se utilizan las entidades de confianza, de forma que certifica la autenticidad de la clave.

2.2 Autenticación

2.2.1 Concepto

Mediante la autenticación se pretende garantizar que un interlocutor es quien dice ser y no un impostor. La autenticación ha de realizarse mediante mecanismos de cifrado, entre los que destaca la firma digital.

Otro tipo de autenticación es la de usuario, que garantiza la existencia de un usuario legal en el sistema.

2.2.2 Kerberos

Permite a los usuarios de estacones de trabajo el acceso a recursos de la red de manera segura, proporcionando un sistema de autenticación entre clientes y servidores.

El sistema se basa en una serie de intercambios cifrados denominados "tikets" que permiten controlar el acceso desde las estaciones a los servidores.
Igual que en la mitología griega, se compone de tres cabezas:
- **Servidor de datos**
- **Servidor de validación**

- **Servidor de concesión de vales.**

2.3 Firma digital

2.3.1 Concepto y objetivos

Una firma digital sirve para:
- Que el receptor pueda **acreditar** al servidor.
- Que el emisor no pueda **repudiar** el contenido del mensaje.
- Que no se pueda **modificar** el mensaje.

2.3.2 Mecanismos

El modo de funcionar de la firma digital es con clave pública, pero para solucionar el problema del ataque de intermediario, se usan certificaciones intermedias.

Como hemos visto, en realidad lo que interesa es saber quien envió el mensaje, por lo que la mayoría de las veces no hace falta que vaya cifrado. Para firmar el mensaje se usan algoritmos que producen un extracto del mensaje sobre el que se le aplica la clave privada. Posteriormente se envía el extracto cifrado y el mensaje original.

Dos de los algoritmos más utilizados son **MD5** (usado por ejemplo para firmar isos de distribuciones Linux), y el algoritmo **SHA** usado en versiones recientes de PGP y de clientes de correo electrónico.

2.4 Protocolo SSL

Para realizar transacciones seguras sobre Internet, se utiliza SSL, que se basa en el uso de la certificación del servidor.

Una vez establecida la conexión con un servidor, el navegador solicita una conexión segura, remitiendo el servidor un certificado electrónico de clave pública.

La estación del usuario genera una clave de sesión que se va a utilizar para el cifrado simétrico, cifrándola con la clave pública del servidor. (Se realiza un cifrado simétrico con distribución asimétrica).

2.5 Rellenado de tráfico

Una buena técnica de despistar a los sniffers de la red (los que analizan todos los datos de la red con propósito de extraer información), es la de rellenado de tráfico, que consiste básicamente en enviar tramas aleatorias cifradas en los momentos de inactividad de tráfico. De esta forma añadiremos ruido a las escuchas de los sniffers, complicándole un poco más la auditoría de datos.

3 Seguridad en los servicios de Internet

3.1 Acceso a los servicios de red en UNIX

3.1.1.1 Puertos

Un número de puerto es un valor de 16 bits que detalla una conexión lógica en la que se puede establecer una conexión.

En UNIX se reservan los primeros 1024 para servicios bien conocidos (FTP,http,…), por lo que solamente los programas ejecutados en modo servidor pueden escuchar en esos puertos.

Esa información en UNIX se almacena en el fichero

```
/etc/services
```

3.1.1.2 Inetd

En Unix, los servicios de red son proporcionados por los demonios (daemons) correspondientes. Así, cada servicio, como FTP, etc., cuenta con su demonio asociado. No obstante, por consideraciones de consumo de recursos, estos programas no se están corriendo continuamente, en su lugar, lo que se ejecuta continuamente es un demonio especializado en recibir solicitudes de servicios de red, llamado inetd.

3.2 Herramientas para la gestión de la seguridad de la red en UNIX

3.2.1 Herramientas de control de accesos

3.2.1.1 TCP-wrappers

TCP-Wrappers es un software de domino público , su función principal es proteger a los sistemas de conexiones no deseadas a determinados servicios de red, permitiendo a su vez ejecutar automáticamente ciertos comandos como respuesta frente a determinadas acciones.

3.2.1.2 Satán

Surgió para la gestión de la seguridad de sistemas, aunque resulta ser un arma perfecta para los hackers (además de que el nombre de la herramienta no parece muy adecuada para la función para la que fue desarrollada).

Realiza un análisis exhaustivo de las debilidades de las máquinas de una red, generando un informe final con posibles ataques a dichas máquinas.

3.2.1.3 Gabriel

Se puede decir que es un sistema de alarma, de forma que detecta a los posibles conexiones de ataque.

3.2.2 Herramientas para comprobar la integridad del sistema

Estas herramientas permiten controlar tanto la actividad de los usuarios, como la información almacenada en los ficheros del sistema.

- **Cops.** Comprueba aspectos de seguridad en UNIX.
- **Crack.** Somete las contraseñas a ataques de fuerza bruta.
- **CPM e ifstatus.** Detectan si alguna tarjeta de red se está ejecutando en modo promiscuo (como sniffer).

3.3 Seguridad en algunos servicios a Internet

3.3.1 Word Wide Web

La seguridad en WWW se puede controlar desde dos lados:

- Del **lado servidor**

Se controlará que no se divulgue información de la máquina, así como de información de documentos que no pueden ser visibles sin autentificación.

Hay que tener cuidado con el posible manejo de comandos del servidor (problema de inyección SQL en Phpnuke o mediante acceso CGI).

Para ello hay que intentar usar servidores seguros, además de tenerlos convenientemente actualizados, sería conveniente restringir el número de cuentas de usuario y el contenido de las páginas almacenadas.

- Del **lado cliente**.

Controlando la programación embebida en la página, tal como Java, javascript e incluso flash.

3.3.2 FTP

Los problemas que suele presentar FTP suelen ser ante usuarios anónimos, será conveniente revisar a que directorios puede acceder cada usuario.

Los principales errores son:

- Problemas por **ataques DoS** (denegación de servicio).
- **Modificación de archivos** existentes.

3.3.3 Correo electrónico

3.3.3.1 Sendmail

Es el sistema que más problemas de seguridad ha tenido a lo largo de la historia de UNIX, y todo ello debido a su gran complejidad.

Es conveniente actualizarlo y revisarlo con programas como Satán, para ver si dejan alguna puerta trasera abierta sin querer.

3.3.3.2 Cliente email

En la parte cliente de email existen una serie de sistemas que proporcionan un cierto nivel de seguridad:

- **PEM.** Utiliza una tecnología mixta, por un lado pública para las claves y por otro, privada para el texto del mensaje.
- **PGP.** Utiliza los algoritmos de clave asimétrica RSA, de simétrica triple DES y como generadores de resumen a SHA y MD5
- **S/MIME.** Transmite de forma segura datos MIME

4 La conexión Intra-Internet

4.1 Protección en Intranets con conexión a Internet: cortafuegos

4.1.1 Concepto y composición

Un cortafuegos es una configuración que permite realizar opciones de frontera entre una intranet e Internet, analizando todos los paquetes que lo atraviesan, impidiendo por lo tanto que usuarios no autorizados penetren en la intranet y que desde la intranet no se pueda visitar determinadas zonas de Internet.

Las componentes de un cortafuegos pueden ser entre uno y varios de los siguientes:
- **Encaminador.** Trabaja a nivel de red, y puede ser hardware y software. Permite descartar paquetes a través de filtros de direcciones IP o por el protocolo de transporte (TCP, UDP...) utilizado.
- **Pasarela.** Trabaja a nivel de aplicación, permitiendo definir políticas de seguridad para determinados programas.

4.1.2 Configuraciones básicas de red.

Algunas de las posibles configuraciones con cortafuegos son:

4.1.2.1 Bastión de n redes

Se configuran mediante un host con dos o más tarjetas de red conectadas a redes diferentes (por lo normal una de confianza y la otra no). Soportan servicios mediante proxy funcionando por tanto en el nivel de aplicación.

4.1.2.2 Nodos bastión con encaminadores adicionales

Es la combinación recomendada ya que se combinan las ventajas del filtrado de paquetes basado en direcciones con las de las pasarelas a nivel de aplicación. Existen muchas combinaciones posibles, pero sólo vamos a estudiar, a modo de ejemplo, la que se representa en la siguiente figura.

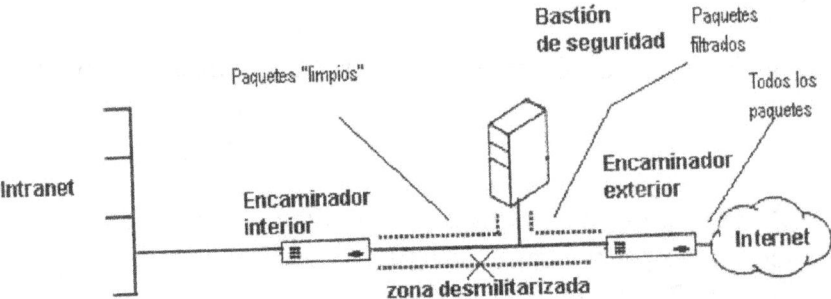

Los dos encaminadores de filtrado, uno interior y otro exterior al bastión, delimitan una red de perímetro que actúa como red pantalla y a la que se conoce en el argot como zona desmilitarizada (DMZ). En esta red de perímetro se encuentra situado el nodo bastión.

Con este tipo de configuración, si el nodo bastión es comprometido, el atacante tan solo tendrá acceso a la red de perímetro, y no podrá acceder directamente a los nodos de la red local.

4.2 Redes Privadas virtuales y seguridad

4.2.1 Concepto

Una red privada virtual (VPN, Virtual Prívate Network) permite que los datos internos de una organización viajen de manera segura a través de una red pública no confiable. Permitiendo así unir de forma virtual dos LAN distantes de una misma empresa, dando la sensación de que éstas están juntas. Además permite a los usuarios de intranets conectarse a una intranet desde cualquier punto con conexión a Internet.

El objetivo de una red privada virtual es dar servicio a los sitios remotos ofreciendo las mismas características de la intranet, esto es:
- **Confidencialidad** de los datos.
- **Flexibilidad de gestión**: frecuentemente se ha de atender a usuarios.
- Integración **transparente** en las aplicaciones.

4.2.2 Componentes de una VPN

Los elementos más comunes de una VPN son:
- **Servidor VPN:** se trata de un host que acepta conexiones de clientes o de otro servidor VPN.
- **Cliente VPN:** inicia una conexión VPN con un servidor.
- **Túnel, protocolos de túnel y red de tránsito:** un túnel es la parte de la conexión a través de la red exterior en la que los datos van encapsulados.
- **Conexión VPN:** la parte de la conexión en la cual los datos son cifrados. Existen dos categorías de conexiones VPN típicas: la conexión VPN de acceso, remoto y la conexión VPN de encaminador a encaminador.

4.2.2.1 Conexión VPN de acceso remoto

Una conexión VPN de acceso remoto es lasque lleva a cabo entre un cliente de acceso remoto, que de este modo se conecta con una red privada.

4.2.2.2 Conexión VPN de enrutador a enrutador

Una conexión VPN de encaminador a encaminador permite conectar dos partes de una red privada. Cada servidor VPN proporciona una conexión con encaminamiento a la red interna a la que se conecta.

4.2.3 Protocolos de túnel

4.2.3.1 PPTP

Es una tecnología propietaria de Microsoft, permite crear un vínculo virtual que puede atravesar redes públicas y privadas.

4.2.3.2 L2TP

Es un descendiente de PPTP, actúa como un protocolo a nivel de enlace para encapsular, creando un túnel virtual, el tráfico de datos entre dos puntos remotos utilizando como medio de conexión una red existente, usualmente Internet.

No suministra autenticación o cifrado, para ello se suele utilizar **ipSec**, obligatorio en IPV6 y optativo en IPV4.

L2TP añade nuevas funcionalidades a PPTP, trabajando con redes X.25, Frame Relay y ATM.

4.2.3.3 IPsec

A nivel de red y superiores, el diseño de TCP/IP (IPv4) no está hecho teniendo en cuenta aspectos de seguridad, con lo que la seguridad en IPv4 pasa por una de estas alternativas:

- Seguridad en las aplicaciones
- Uso de cortafuegos (*firewall*)
- Uso de IPsec

IPv6 incluye IPsec como parte de su especificación.

IPSec incluye dos protocolos de seguridad:

- **Cabecera de Autenticación (AH – Authentication Header):** Protocolo de autenticación que usa una firma hash para integridad y autenticidad del emisor.

- **Encapsulación de la Carga de Seguridad (ESP) :** Protocolo de autenticación y cifrado que usa mecanismos criptográficos para proporcionar integridad, autenticación del origen, y confidencialidad

5 La gestión de usuarios y la seguridad

En este punto nos centraremos en la gestión de usuarios de Windows 2003. De todos modos, para ello, debemos revisar una serie de conceptos que ya aparecen en W2000.

5.1.1 ¿Qué es Active Directory?

Active Directory (AD) (directorio activo) es el **servicio de directorio** que proporciona Windows a partir de Windows 2000. Un directorio es un lugar donde se acude cuando buscamos algún recurso en la red.

El servicio de directorio funciona de forma similar a las páginas amarillas. Por ejemplo, usted puede buscar fontaneros, peluquerías, médicos, etc en las páginas amarillas. De la misma forma podemos utilizar Active Directory para localizar las impresoras de la red que pueden imprimir en color.

- Para los clientes de la red, AD proporciona un lugar y una forma de buscar recursos: personas, impresoras, aplicaciones, bases de datos, etc.
- Para los administradores de la red, AD es la herramienta y el medio que permite controlar la seguridad en la red, almacenando toda la información que necesita el Administrador.

5.2 Administración de Active Directory

5.2.1 Gestión de usuarios, grupos, equipos, U O.

La gestión básica de usuarios y grupos se realiza con la herramienta de **Usuarios y equipos en Active Directory**.

Para crear un nuevo usuario escogemos **Nuevo-usuario** en el menú contextual de la Unidad organizativa donde queramos crearlo. Se abrirá un asistente que nos pide la información imprescindible de la cuenta.

A continuación rellenaremos el formulario con los datos básicos del usuario:
- El nombre de inicio de sesión debe ser único en el dominio. Es buena práctica seguir un criterio uniforme en el dominio. Ej. primera letra del nombre_ primer apellido.
- Por defecto el usuario debe cambiar su contraseña en el siguiente inicio de sesión. Podemos escoger que el usuario no pueda cambiar la contraseña.

Para completar toda la información de la cuenta, accedemos a **Propiedades** del menú contextual del usuario.

En **Horas de inicio de sesión...** e **Iniciar sesión en...** configuramos las horas en las que puede iniciar sesión el usuario desde cualquier equipo y los equipos desde los que puede iniciar sesión.

5.3   Adaptando el sistema, perfiles.

Windows proporciona el **perfil de usuario**, que permite que un usuario mantenga siempre el entorno en el que trabaja, independientemente de que otros usuarios utilicen el mismo equipo. El perfil se crea automáticamente para cada cuenta de usuario creada en el sistema. Cuando un usuario inicia su primera sesión en el equipo, se crea el perfil y, cada vez que sale, el perfil se actualiza para el próximo inicio de sesión.

Los perfiles pueden ser móviles, permitiendo al usuario restaurar su sesión desde cualquier ordenador, o bien obligatorios, en los que sólo podrá iniciar sesión en una serie de ordenadores de la red.

5.4   Directivas de grupo

5.4.1 Definición
Con Directiva de grupo (Group Policy), el administrador puede:
- Proporcionar las aplicaciones que necesitan usar los usuarios
- Preparar la configuración del escritorio de Windows, incluyendo el menú de inicio
- Restringir el acceso a ficheros y carpetas
- Establecer correctamente la configuración de Windows e impedir que sea modificada

Una directiva de grupo puede ser aplicada a tres tipos de objetos: dominio, sitio o unidad organizativa. La configuración de la directiva se aplica a los usuarios y/o equipos que se encuentren en su interior.

5.4.2 Gestión de directivas
La gestión se realiza desde la herramienta Usuarios y equipos de Active Directory. Seleccionando el objeto donde desea aplicarla/propiedades/ficha directiva de grupo.

Por defecto al dominio se aplica la directiva Default Domain Policy. Podemos crear una nueva ó modificar esta. Usaremos los botones: Nueva, Modificar, etc…

Es una buena práctica crear una nueva directiva por cada variable que queramos configurar, dándole un nombre ilustrativo de su acción.

Para crear una directiva nueva sobre el dominio, se ha de seleccionar para aplicar directiva de grupo, pulsar en Nueva e introducir su nombre. Aparecerá una nueva ventana con la herramienta directiva de grupo.

Las directivas se dividen en dos secciones:
- **Configuración del equipo:** se aplican sólo sobre los ordenadores contenidos en el objeto (en este caso el dominio), independientemente de los usuarios se conecten, y requieren reinicio del equipo.
- **Configuración de usuario:** se aplican sobre los usuarios contenidos en el objeto (en este caso el dominio), independientemente de qué equipos utilicen, y requieren cierre de sesión.

Además se pueden establecer tres tipos de ajustes: configuración del software, de Windows y plantillas administrativas, tanto para equipos como para usuarios.

6 Gestión de la seguridad física

6.1 Funcionalidad de la copia de seguridad en red

En una instalación informática es posible tomar medidas de seguridad para evitar las pérdidas físicas de la información. Sería interesante contar de un sistema de copia de seguridad en red, de forma que se centralice el sistema de copia, e incluso, si es posible que se automatice.

Se han de realizar copias de los servidores, con una periodicidad determinada, y lógicamente nunca destruyendo la copia anterior. Si la información es muy importante para la empresa, sería muy interesante realizar al menos dos copias, y que esas copias estén en un local distinto.

Indice

www.ingramcontent.com/pod-product-compliance
Lightning Source LLC
Chambersburg PA
CBHW081812220526

45468CB00006B/1815